JN305584

植物の耐寒戦略

寒極の森林から熱帯雨林まで

酒井 昭❖著

北海道大学図書刊行会

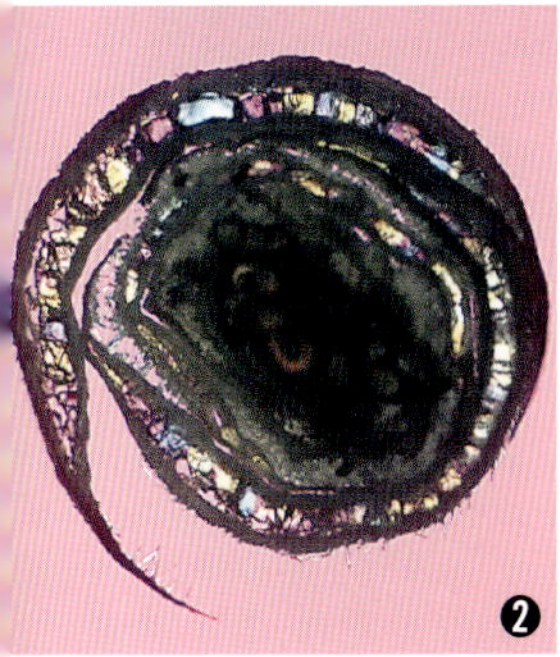

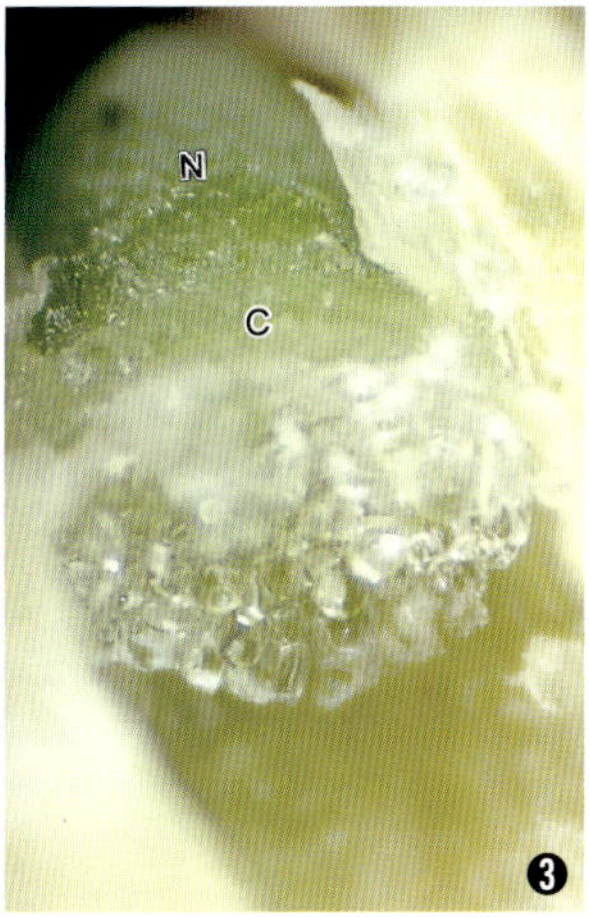

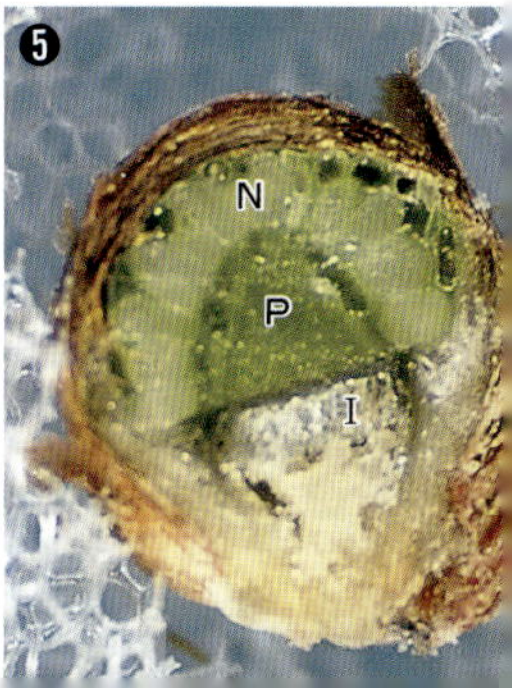

❶　折りたたみ傘のように葉をたれて越冬しているハクサンシャクナゲ(札幌，気温－10℃)

❷　クワの冬芽の器官外凍結．芽の横断切片の偏光顕微鏡写真．りん片内に氷の結晶が認められる

❸　ウラジロモミの芽の器官外凍結＊105．芽の原基内の水がクラウン(C)下部に多量の氷を析出

❹　シベリアカラマツの芽の器官外凍結＊105

❺　ニホンカラマツの芽の枝条原基内凍結．速く冷却されたため，枝条原基(P)と葉原基(N)内に凍結が起こり凍死

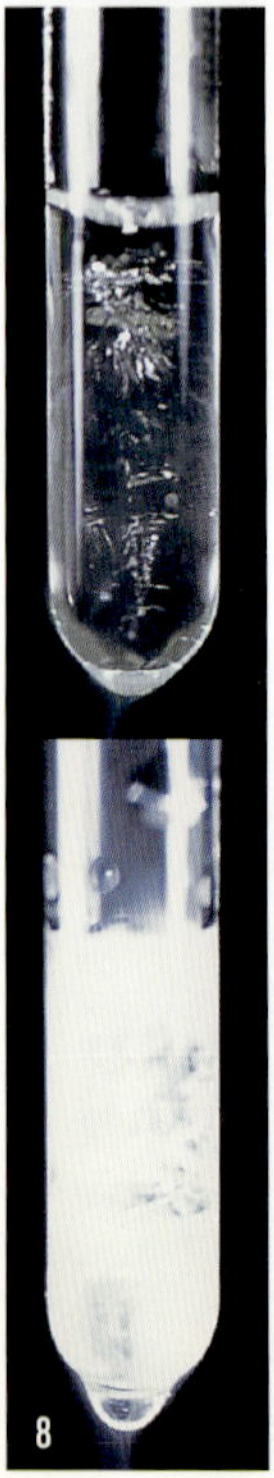

❻　メタセコイアの芽の器官外凍結*[105]．芽の基部のりん片内に氷析出．P：枝条原基，I：氷

❼　アラスカで越冬中のホワイト・スプリュースの器官外凍結*[101]．P：枝条原基

❽　ガラス化液(PVS2)を液体窒素で急冷し，ガラス化(上：透明)，−70℃で凍結(下：白濁)(松本敏一撮影)

❾　直径約 4 mm のアルギン酸塩のビーズに入れたワサビの茎頂(1 mm)(人工種子)を浸透脱水後，液体窒素中に急冷．茎頂から生長したワサビ(松本敏一撮影)

まえがき

生物が進化してきた長い道のりは、結局は、地球そのものが進化してきた道のりを反映したものである。長い地質時代の間に生育地や気候環境が多様化したのに対応して、植物もともに進化し多様化して、生活圏を広げてきた。

この植物の適応進化の歴史上、特筆すべきできごとは、第三紀の後半(二八〇〇万年前)に北半球に生きる植物が初めて高い寒冷適応能力を獲得したことである。

中生代の白亜紀後半(一億年前)から第三紀の前半(四五〇〇万年前)までは、北極圏は気温が現在よりも約20℃も高く、常春な湿度の高い気候であったようだ。そのため北極圏にも温暖性のスギ科を主とする森林があった。当時は、熱帯の海流が大量に北極海に流れ込み、また北半球には大きな山脈がなかったために、南北の熱交換が効率よく行われてもいた。しかし第三紀の後半に大陸移動や大山脈の隆起などが起こり、このような地球規模の熱交換システムが機能しなくなり、赤道と極との間の温度差が著しく増大した。また、北半球の中緯度に寒冷乾燥気候が出現し、夏暑く、冬寒い気候に変わった。続いて約一六〇〇万年前に氷河時代が始まり、以後、約一万一〇〇〇年前のウルム氷期が終わるまで、北半球の中高緯度地帯は厳しい寒冷気候に繰り返しさらされた。その結果、温暖だった第三紀の初め頃に北極圏に分布を広げた祖先型の木本植物群は、寒く乾燥した気候に適応できず、第三紀の後半から氷河時代の初め頃にほとんどが絶滅した。しかしマツ科の針葉樹や落葉広葉樹系統群のごく限られた樹種、草本および矮小な木本植物などが寒冷気候に適応し、多くの種を適応分化させて、後氷期に生態的に空白になった中高緯度の寒冷地域に分布を広げた。これに対して寒さに敏感な広葉樹の大多数は、気温が20℃以下に下がらない熱帯圏で、おもに熱帯雨林の構成員として存在した。熱帯林には一億数千年の歴史があるが、それは寒さを知らない林である。

植物は、日光、二酸化炭素および地中から吸収する水と無機養分から有機物を合成して自活している。自然生態系のなかで、自ら必要な物質を作り、蓄え、生長し、増殖しているのである。これができなければ、どんな自然環境においても生きられない。また大地に固着し移動できない植物は、生存に不利な冬をどのように生き、氷点下の寒さにどう耐えるかが、死活に関わる重要な問題となる。現在、気温が0℃以下に下がる降霜地帯は地球の全陸地面積の約六五％になる。しかも、その大部分の地域では、年平均最低気温がしばしば−10℃以下に下がる。このような地域で生活する野生植物は、いずれも長い間の厳しい寒さに適応して生き残った植物たちで、現在の住家で起こるさまざまな寒冷ストレスはもちろん、将来の環境変化にもある程度まで対応できるストレス適応能力を獲得している。それに対して栽培植物は、遺伝的変異がないように人工的に選ばれ、人の管理下でしか生きていけないものが多い。

二〇〇〇年の札幌の冬の寒さは二〇年ぶりといわれ，一一月初めから真冬なみの寒さが続き，一月に入ると朝の最低温度が－14℃，日中の気温も－10℃近い日が少なくなかった。また北海道の内陸部では－36.6℃の最低気温を記録した。こうした冬の間も，樹木は厳しい寒さや風雪にさらされて生きている。ことにシベリアやアラスカの亜寒帯針葉樹林は－40〜－70℃の酷寒に何カ月も耐えて生きている。寒さに適応した温帯，亜寒帯，寒帯の植物にとって，こうした冬を耐え忍ぶ生活は，春の躍動の生活のためには不可欠である。

春や夏の活発に生長している木の姿は人々の関心を引きやすく，理解も深いが，冬枯れの木は忘れられた感がある。冬の樹木が，一体，どのぐらいの寒さに耐えるのか。凍るのか，凍らないのか，なぜ凍っても生きていられるのか。またその耐寒性とはどんな性質のものであるのか。植物の，寒さに対するこうした適応戦略の知識は，寒冷地に生きる植物の冬の生活を理解するのに大いに役立つと思う。この本の前半では，植物の構造と機能を含めた寒冷適応の仕組みを記した。後半では，地球上に出現した寒冷気候に共進化して，植物が極地から熱帯まで，異なる気候帯に作り上げた森林，すなわち，酷寒のシベリアやアラスカの針葉樹林，温帯落葉樹林，南半球やヒマラヤの暖帯常緑樹林，寒さを知らない多様性の高い熱帯雨林に読者を案内したいと思う。

植物の寒冷適応を理解するためには，いくつかの角度から掘り下げる必要がある。まず氷点下では，同じ個体でも，細胞，組織，器官，個体レベルにより適応の仕方がかなり異なっていることから、細胞や組織の生理学的適応を調べる立場がある。また、個体を犠牲にした種としての生き残り戦略を調べる集団遺伝学の立場や生態学の立場に立った研究もある。さらに、自然の植物は森林や草原といった生態系の中で他の生物と群生して生きているので、寒冷適応の問題は森林レベルでも考えることが必要である。こうしたことから、植物の寒冷適応の実相は、特定植物の細胞や分子レベルの研究だけでは捉えがたいと思うに至った。したがって、筆者はいくつかの突破口を作り、それらを自分なりに次第に関連づけて、寒冷適応現象を多面的に捉える方向で研究を行ってきた。

植物の耐寒性の研究を進めるうちに、寒冷地に適応した植物は、ストレスの多い環境に適応するために、生長量や正常な生活機能などをかなり犠牲にして特殊化していることに気づいた。また暖かい照葉樹林帯(愛知)に生まれ育った者として、個人的に暖かい南の林に強い郷愁を抱いていた。こんなことのために、北方の特殊化した植物に限定しないで、地球上の植物を幅広く比較観察するように心がけた。そこで北海道から本州、屋久島、沖縄、南半球、熱帯雨林へと研究の関心を次第に南にも移した。他方、北海道からアラスカ、シベリアの永久凍土地帯、さらにツンドラ地帯へと関心を広げ、地球レベルで、歴史的視点からも植物の寒冷適応現象を理解しようと努めた。

また研究対象の温度領域については、北海道の自然界で起こる−40℃から、自然界で起こりうるほぼ最低の約−70℃(ドライアイスの温度)、さらには液体窒素(−196℃)や液体ヘリウム(約−269℃)の温度まで広げた。こうして温度領域を広げる過程で、「植物のガラス化」という新しい研究分野に気づいた。そして自然現象の理解を深めるとともに、自分の研究で見出した現象を足がかりとして、植物組織を－196℃で生かし、植物に再生させる超低温保存技術の開発にも取り組んだ。これは、無限の可能性をもつ地球上の貴重な植物遺伝資源(ことに熱帯植物)を次の世代に継承する上で不可欠な技術と考えたからである。

この本は、野生の植物が長い時間をかけて作り上げてきた巧妙な、たくましい耐寒生存戦略を、不器用な、しかし好奇心に富み、あきらめのわるい一人の研究者の体験、調査、生き様を通じて記したものである。

読者にとって、この本が植物の寒さに対する適応、森林の多様さや重要さ、自然の動的な変化、生命の永遠性に思いを寄せていただく契機になれば幸せである。

本文中、専門用語の説明などわかりづらいところもあると思うが、専門書ではなく一般の解説書として、植物愛好家や学生の方々に理解できるように書いたつもりである。興味のあるところから読み始めていただいたらよいと思う。

最後に、長い研究生活の中で、非常に多くの内外の研究者に出会い、ともに研究し多くのことを学び、多くの援助を受けた。お世話になった人々に対して心から感謝を申し上げたい。

植物の耐寒戦略——目次

目　次

I

寒さに生きる植物の知恵

1　研究の歩み

私が約五年間の結核療養生活を終え、北大低温科学研究所に復職したのは一九五三年であった。その当時、私の属する生物学部門で行われていたおもな研究は、昆虫の耐寒性、植物や動物細胞の凍結の仕方や、一定の速度で冷却したときの植物組織内の凍結開始温度を知る冷却曲線の解析などであった。またその前年からは、国立蚕糸試験場から委託されたクワの耐寒性の研究が始まっており、生物学部門の青木廉教授がクワの枝の小片に熱電対を挿し込み、枝の凍結の仕方を一人で研究していた。当時は－30℃まで冷却できるフリーザーも温度を自記するレコーダーも、研究室にはまだなかった。そのため前夜に低温室で約－20℃に冷やしておいた塩水を冷媒として使い、暗がりで目をこらして電流計の目盛りを一〇秒ごとに読みとり、冷却曲線を描き、凍結過程を解析するわけである。また油性インクのペンもポリエチレンの袋もなかった。もちろんコピー機もなかった。青木教授は、私が療養中にバラの栽培を楽しんだと知って、「それなら君にもクワの研究を手伝ってもらおう」と動物学科出身の私にいった。当時の理学部出身の植物の研究者たちはビート、タマネギ、エンレイソウなどの細胞や組織を使って実験を行い、クワのような複雑な構造をもつ木本植物を研究材料として選ぶことはなかったからである。

私は、耐寒性が高いといわれていた北海道の野生種のヤマグワと耐寒性の低い本州の栽培品種のクワ何種類かを選んで、それらの枝がどの程度の低温に耐えられるか、季節を追って調べることにした。ポプラ並木の南にある農場のクワ畑まで、約一五〇メートルぐらいを歩いて毎日のようにクワの枝を採りに出かけた。風の強い雪原をカンジキをはいて進むのだが、途中で疲れて腰まで雪に埋まっては休みながら、吹きさらしの雪原に突っ立って越冬しているポプラを眺め、あの木は凍結しているのか、どうやって厳しい寒さに耐えているのか、その仕組みを知り、その耐える限界を確かめてみたいと思った。同時に、長い療養生活を終え、何とか健康を取り戻し、こうして研究に従事できる喜びと幸運に心から感謝した。ひと冬の研究を終えた頃には、このクワの研究が終わったらまた専門の動物材料に戻ろうという当初の気持は消えていた。クワの枝の皮層細胞は耐凍性が高く、しかも基礎研究をする上で多くの利点をもっていた。このことが、のちの私の研究の進展に大きな影響と幸運をもたらした。そして研究を始めて三年目には植物の液体窒素温度(−196℃)での生存を確認し、そのメカニズムを追究するなかで細胞のガラス化という新しい研究分野を開くチャンスをつかむことができた。

ひと口に植物といってもさまざまな種類があるが、積雪下で越冬する短命な草本植物と違い、風雪と厳寒に耐え、長命で、森林を構成する木本植物に私は限りない魅力を感じた。そうしてクワの

氷点下の温度に対する対応

- 1 低温回避
  - a 冷却の緩和(被覆)
  - b 生育地の選択
  - c 生活形の選択
  - d 凍結潜熱の利用
- 2 低温耐性(耐寒性)
  - 1) 凍結回避
    - a 過冷却
    - b 脱水
  - 2) 耐凍性
    - a 細胞外凍結
    - b 器官外凍結

図1　低温に対する植物の対応

研究の後も耐寒性の研究材料に木を選んだ。

〈用語の解説〉

氷点下の温度に対する植物の対応や適応の仕方は、植物の種類や生育地によってかなり異なる。ある植物は、気温が氷点下にならない場所を選んで生活している。またある植物は生存に不可欠な組織や器官を被覆して氷点下に冷やされることを防いでいる。このように生育地を選択したり、自ら被覆したりして植物は危険な寒さを避けている。これを「低温回避」という。また多くの植物は、体温が氷点下に下がることは受け入れるが、体内の重要な組織や器官が凍結することを、いろいろの方法で避けている。これを「凍結回避」という。

植物を一定時間、たとえば−10℃の温度にさらしてから温めたとき、生きていれば、凍結していても(細胞外凍結)、凍結していなくとも(凍結回避)、−10℃の低温に耐えたことになり、この植物は−10℃の耐寒性をもつということになる。しかし−10℃の低温で生きていた両者のメカニズムは異なっている。図1に、低温に対する植物の対応の仕方をまとめた。

越冬性

越冬性とは、植物が害なく越冬できる能力のことである。野生の植物は越冬能力をもっているので、自生地で越冬中に回復できないような害を受けることは少ない。しかし農作物では種類により、また栽培される地域により、さらには同じ地域でも気象条件によって、越冬中にさまざまな害を受ける。たとえば北海道ではコムギは、初冬に積雪のない状態で強い冷え込みにさらされると凍死する（凍害）。厳寒期に積雪がないと土壌が凍結し、根から吸水ができなくなり、茎や葉は乾燥し枯れる（乾燥害）。また雪解けが遅れると、好冷細菌による雪腐れ病が発生する（病害）。凍土地帯の牧草では、土が凍って盛り上がることで根が切れるなどの被害もある。また植林されたカラマツ、トドマツなどでは、遅霜（凍害）、土壌の凍結による乾燥害、雪の重みで枝や幹が折れる雪害、さらに雪解けが遅れたときには幼木の雪腐れ病、ネズミの食害も大きな問題になる。

耐寒性

寒さの厳しい地域で越冬できる能力（耐凍性）が高く、土壌の凍結による冬の乾燥にも耐える植物を、一般に耐寒性の植物と呼んでいる。しかし越冬性と違い、これには雪害や雪腐れ病は含まれない。

細胞の凍結

植物が氷点下に冷やされ、細胞の内部に氷ができることを細胞内凍結といい、細胞と細胞の間隙に氷ができることを細胞外凍結という。細胞内に凍結が起きると細胞の構造が破壊されるために、あらゆる細胞は凍死するが、細胞外凍結は必ずしも凍死に結びつかない。この本では、単に凍結という場合は後者を意味する。

郵便はがき

料金受取人払

札幌中央局
承　認

2341

差出有効期間
2005年1月24日
まで

0 6 0-8 7 8 7

641

札幌市北区北九条西八丁目
北海道大学構内

北海道大学図書刊行会 行

ご氏名（ふりがな）		年齢　歳	男・女
ご住所	〒		
ご職業	①会社員　②公務員　③教職員　④農林漁業 ⑤自営業　⑥自由業　⑦学生　⑧主婦　⑨無職 ⑩学校・団体・図書館施設　⑪その他（　　　）		
お買上書店名	市・町　書店		
ご購読新聞・雑誌名			

書籍名

本書についてのご感想・ご意見

今後の企画についてのご意見

ご購入の動機

1 書店でみて　2 新刊案内をみて　3 友人知人の紹介
4 書評を読んで　5 新聞広告をみて　6 DMをみて
7 ホームページをみて　8 その他（　　　　　　）

値段・装幀について

A 値　段（安　い　　普　通　　高　　い）
B 装　幀（良　い　　普　通　　良くない）

耐凍性

寒冷地に適応した植物は、氷点下に冷却されても、生存のために不可欠な組織や器官で細胞内凍結が起きないような仕組みや、細胞外凍結あるいは器官外凍結による凍結脱水に耐える能力をもっている。凍結に対するこのような能力を耐凍性という。

耐凍度

植物が何度まで耐えられるかを数値で示すために、耐凍度という尺度を用いる。具体的な方法としては、約－５℃に冷却された葉や枝に氷か霜を接触させて細胞外凍結を起こさせる。その後いろいろな温度まで冷却する。これを融解し、生きていられる最低温度または五〇％生存している温度で耐凍度を表す。

2　札幌では木は凍結して越冬するか

一〇月下旬頃になると札幌では早朝しばしば氷点下に冷え込むため、霜枯れの植物が目立つようになる。落葉広葉樹は一〇月末頃には葉を落とし、一年草は種子をつけて立ち枯れ、多年草は地面にロゼット状の葉を残して、冬芽を地表下に沈めて冬を待つ。これら草本類は一二月には雪の下となり、雪面上で越冬しているのは低木や高木のみとなる。木は厚い樹皮で覆われているので、なかなか凍結しないだろうと考えられていた。札幌の一月の平均気温は約－5℃、日最低平均気温は－10℃程度である。こうした気象条件下で越冬中の木が果たして凍結しているかどうか、調べてみた。

(1)　樹木の凍結

越冬中の木が凍結しているかどうかは、外から見ただけではわからない。そこで一九六五年の一二月、低温科学研究所構内にあった直径が一三・五センチメートルのセンノキで実験した。地表面

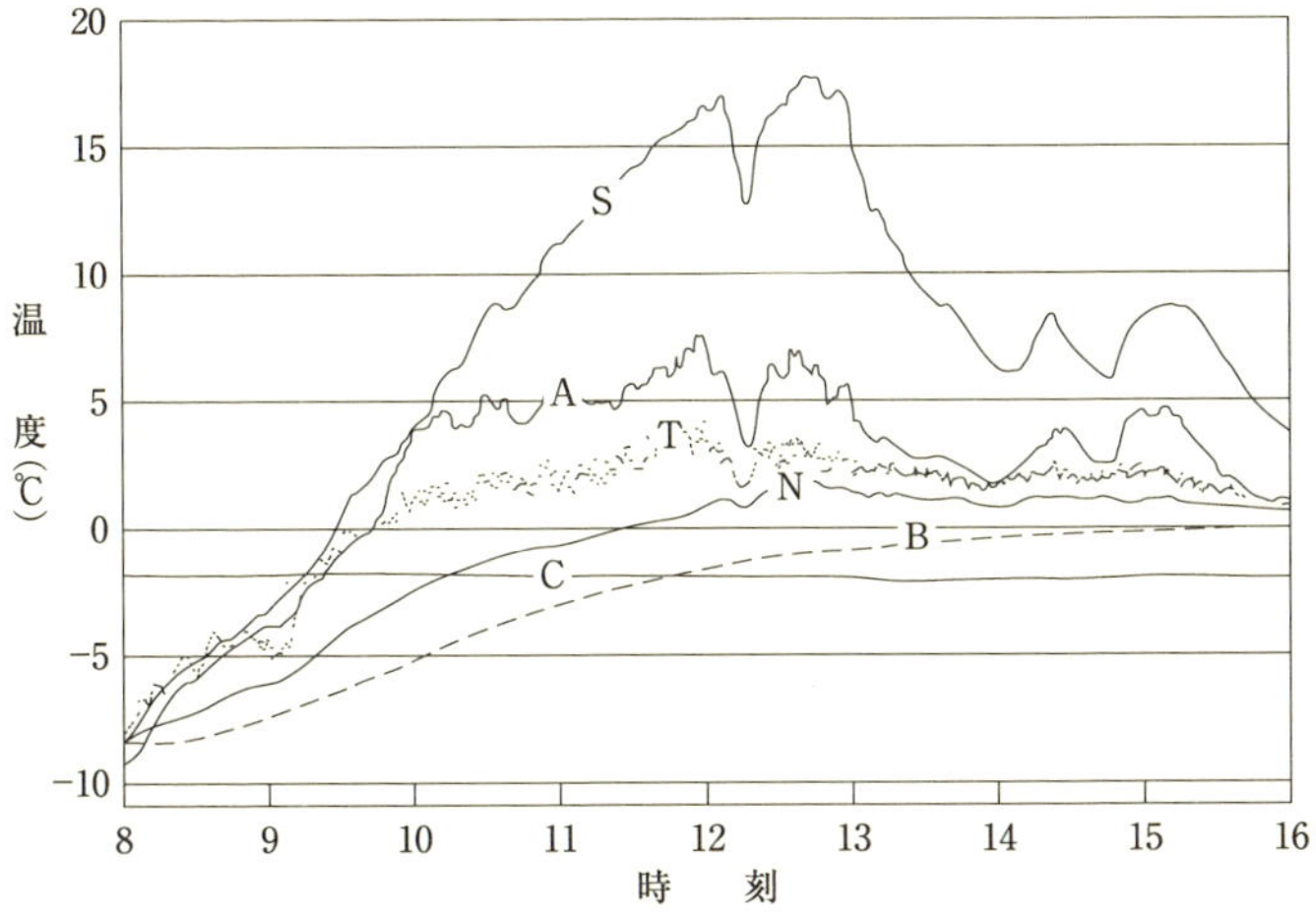

図 2　北大構内で越冬中の木の温度変化*90．S：センノキ(直径 13.5 cm)の幹の南側(表面から内部 1 cm)，N：同北側，B：同中心部，C：直径 86 cm のニレの大木の中心部，A：センノキ幼木(直径 1 cm)，T：外気温の日周温度変化

から一メートルの高さの幹の中心部、そして幹の南側と北側の表面から一センチメートル内部に、それぞれ熱電対を挿し込み、幹の温度の一日の変化を記録した。快晴の夜が明ける頃、気温は一日のうちで最低の−15℃を記録し、一方、センノキの幹の中心部は−13℃であった。その日は一日中晴天で、正午の気温は約3℃まで上がったが、幹の中心部(図2、B)は凍結したままであった。しかし幹の南側の温度(図2、S)は日射のために一三時頃に最高の約18℃を記録した。そして日が沈む一七時頃、気温が氷点下になると、幹の南側も再び凍結を始めた。同じ実験をシラカバでしてみると、シラカバの幹の表面は白く、しかも幹のすぐ内側に何層もの薄い皮が存在するために、日射による温度の上昇はほと

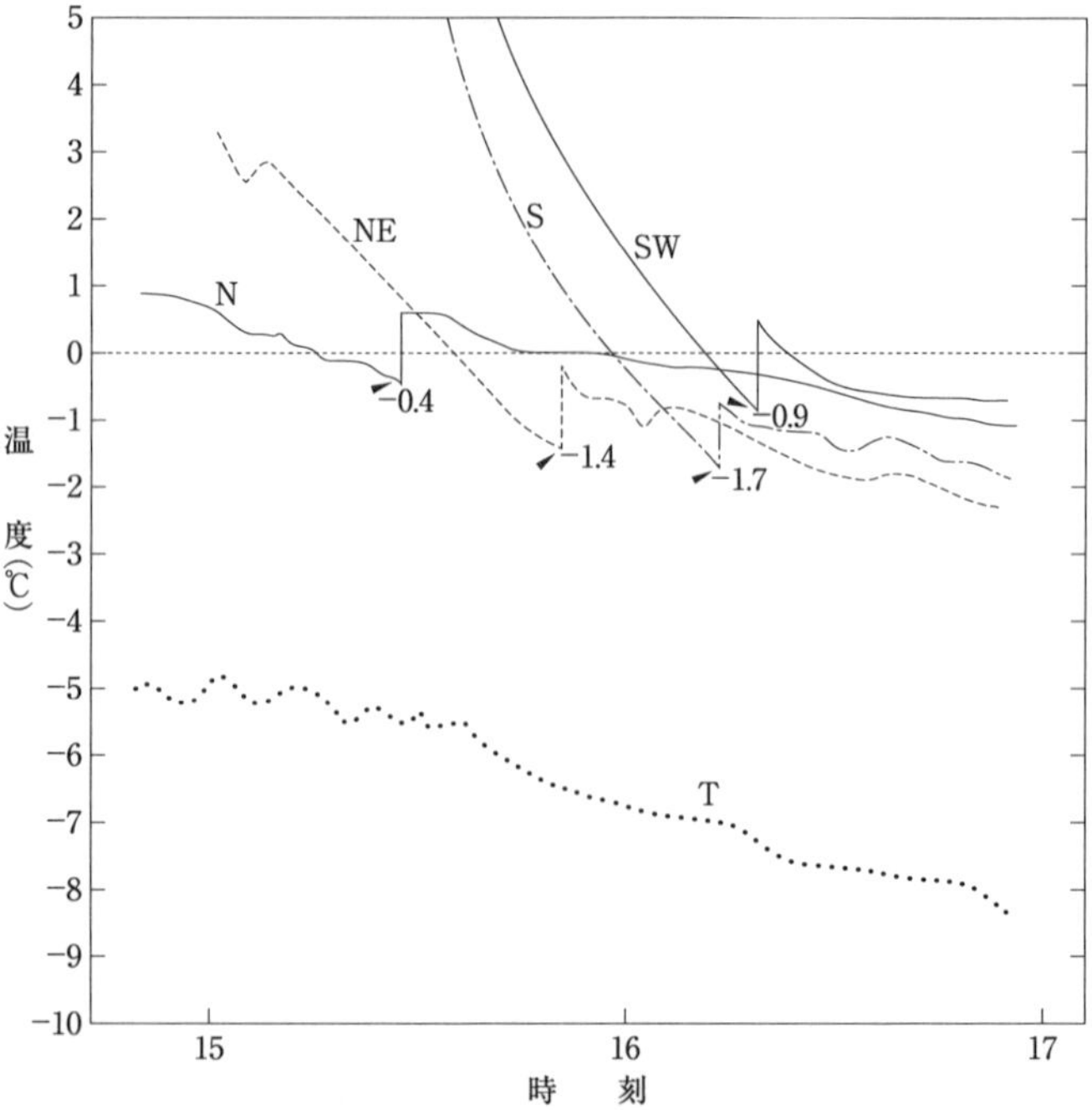

図 3　センノキの幹(直径 15 cm)の表面から 1 cm の深さにおける各方位の樹温*90. N：北，NE：北東，S：南，SW：南西，T：気温を示す，矢印：凍結開始

んど認められなかった。

　このように直径一三センチメートル程度のセンノキの幹の中心部は、札幌では一～二月の厳寒期には凍結したままで、晴天の日には幹の日射面は何時間か融解するが、気温が氷点下になる夕方には幹全体がまた凍結することがわかった(図3)。こうした落葉樹の幹は、厳寒期に気温が－20℃に低下しても生きていられる。また枝や越冬芽は－30℃以下の温度にも耐えるものが多い。

　それでは、北大構内にあ

る直径八〇センチメートルを超すニレの大木の幹は凍結しているだろうか。直径八六センチメートルのニレの幹に北側から直角に小さい孔を開けて調べた結果、幹の周辺部は凍結して多量の氷が認められたが、中心部は含水量が少なく凍結は確認できなかった。しかし一〜二月の厳寒期の幹の中心部の温度は約－2℃(図2、C)でほぼ一定であったことから、おそらく凍結していたものと考えられる。

このように木の幹は考えられていたよりも凍結しやすく、しかも－0.5〜－3℃という比較的高い温度で凍結を始めた。凍結すると比熱がほぼ半減するので、樹温の低下は外気温より遅れるが、それでも予想外に速く冷却する。札幌より寒さが厳しい道東の標茶にある京都大学の演習林で越冬している直径一五センチメートルの木の場合、気温が－20℃に下がったときに、幹の中心部の温度は－18℃になった。こうしたことから、一月の平均気温が－10℃近い北海道の内陸部や道東の森林は凍結状態で、しかも－10℃以下で越冬していると考えられる。また東北地方の海抜一〇〇〇メートル以上の森林も厳寒期には凍結状態で越冬しているものと思われる。

(2)　幹の凍裂

凍裂とは、厳しい寒さにさらされて、幹の内部から周辺部に向かって縦長の割れが生ずる現象である(図4、左)。アメリカの中西部にあるミネソタでは、極寒期は－30〜－40℃まで冷え込む。ミネソタ大学の構内に植えられた木には凍裂が多く、まるで凍裂の展示場のようであった。北海道で

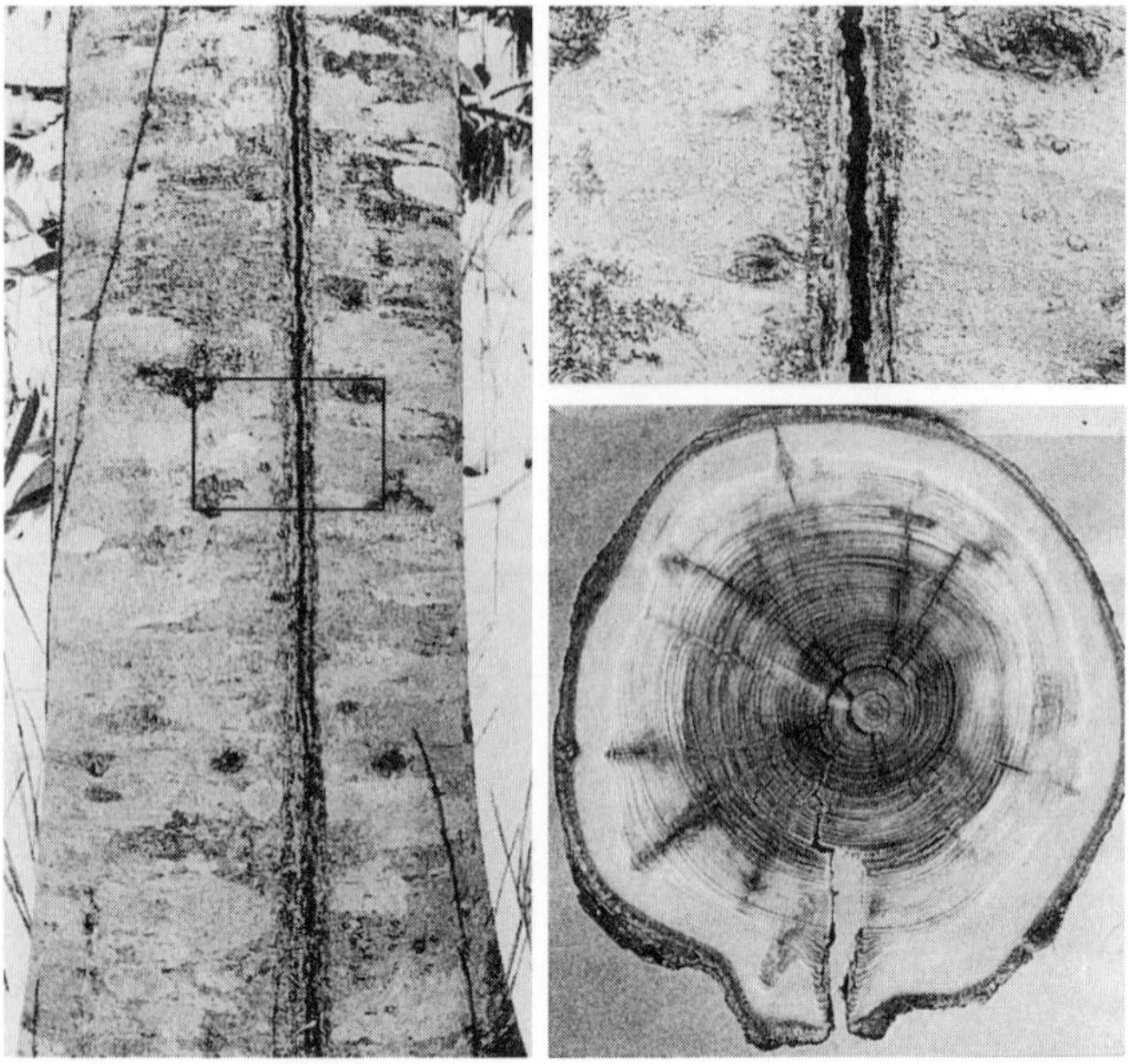

図4　左：トドマツの凍裂木(一部)．地上1mから7mに達する*36．
右上：一部(□)拡大，右下：凍裂樹幹の横断面．暗所部は水喰材，
多くの放射状の割れ目がある*36

は、凍裂は非常に多くの樹種で発生しているが、トドマツ(モミ属)†での発生率がとくに高い。旭川地区では約二〇%のトドマツで凍裂が起こっている*36。トドマツの凍裂は、幹の直径が増すほど起こりやすくなる。また凍裂の長さは一メートル前後のものが多く、地上〇・五メートルから三メートルの高さに最も多く発生している。凍裂そのものは機械的損傷なので、傷口が修復されれば致命傷にはならない。しかし凍裂内部には放射状の割れ(図4、右下)が生じているものが多く、なかには表皮にまで至っているものもあり、

材としての利用価値は著しく低下する。

† マツ科の針葉樹の分類：北海道に自生する針葉樹のトドマツはモミ属で、アカエゾマツやエゾマツはトウヒ属に属する。どちらも、ふつうマツと呼ばれるマツ属ではない。マツ科の主要な属に含まれる針葉樹を示す。
マツ属：アカマツ、クロマツ、ハイマツ
モミ属：モミ、トドマツ、オオシラビソ、ウラジロモミ
トウヒ属：エゾマツ、アカエゾマツ、ホワイト・スプリュース(アラスカ)
カラマツ属：カラマツ、グイマツ、ダフリカカラマツ(東シベリア)
ツガ属：ツガ、コメツガ

凍裂の発生メカニズムは石田によって詳しく調べられている。[*36] 凍裂は一地方の、あるいは一つの林のある特定の樹種のすべてに発生するものではない。凍裂の発生頻度が最も高いトドマツでも、七〜三四%で、一部の個体、さらにその幹上の一部分にしか発生しない。またトウヒ属であるアカエゾマツやエゾマツでは、凍裂はほとんど認められない。

もし凍裂が急激な温度低下によってのみ起こるものとすれば、その発生にはある程度の地域的な集中が認められるはずである。しかしそれが認められないということは、凍裂木に、個体的あるいは局所的に凍裂を引き起こす特殊な条件があることを示している。石田は、凍裂は幹の含水量が局部的に多い水喰材(図4、右下)の存在する幹にのみ発生し、水喰材面積が増すほど凍裂発生頻度が高まることを明らかにした。[*36] エゾマツではこの水喰材はほとんど認められず、凍裂もほとんど発生しない。トドマツの水喰材に含まれる異常に多い水分には、根にある孔やその他の損傷欠陥から入

るものと、枝の欠陥部から入るものとがある。また石田は、丸太や円盤を使用した実験で、幹の中央部にある心材部が凍結するとその内部に膨張圧が生じ、それが割れの幅に影響すること、そして水喰材の氷を除くと凍裂幅は著しく減少し、融解すると割れ目は完全に閉じることを確認している。

直径一五センチメートル、長さ一メートルの丸太を−16℃の低温室で冷却すると、心材部の大部分の水は−0.5〜−5℃の温度で凍結し、その際に凍裂を引き起こすが、それには約二〇時間を要した。[*36]すなわち凍裂の発生には、約−10℃以下の温度にかなり長い時間さらされることが必要のようである。

札幌の円山公園に植栽されている樹齢約一一〇年のスギでは、約二〇%に凍裂が発生している。また八甲田山系赤倉岳の、標高約一〇〇〇メートルの森林限界にある樹高二〜三メートルのオオシラビソでは、半数以上の幹に凍裂が認められた。さらにアラスカのジュノー付近にある温帯性ツガ林の北限で、私は多量の凍裂を見た。しかしトドマツよりも高い標高に分布し、また沿海州までも分布を広げているエゾマツでは、凍裂はほとんど認められない。亜寒帯のアラスカ内陸部や東シベリアの樹種でも凍裂はほとんど見なかった。こうしたことは、凍裂を起こしやすい樹種は亜寒帯への分布を制限されるし、また亜寒帯に分布している樹種は凍裂耐性をもつものに限られることを示唆している。

(3)　大地が凍る

札幌では積雪が多いために土の凍結は少ない。しかし北海道の十勝地方では、一一月中旬になると地表面から凍結が始まる。寒さが厳しく、積雪が少ない地方では、三月初めには深さ七〇センチメートル以上も大地が凍結する。春になると地表から融解が進み、五月中旬には解けてしまう。このような冬だけの凍結を「季節凍土」と呼び、アラスカや東シベリアで見られる「永久凍土」と区別している。北海道の東部内陸部の少雪地帯は、緯度の割には冷え込みが強く、寒さの厳しい土壌凍結地帯である。一月の帯広の日平均最低気温は約−16℃で、札幌より約7℃も低い。そのため積雪が二〇センチメートルより少なければ、土壌の凍結の深さは五〇〜六〇センチメートル、そこの地温は−5〜−10℃になる(図5)。

大地が凍結すると、根は吸水ができなくなるので、植物の地上部位は冬の間、根からの水の供給を絶たれ、強い乾燥にさらされる。そのため乾燥耐性が高くない草本植物は、雪に覆われないと乾燥死するものが多くなる。また土壌凍結地帯では、牧草やコムギなど越冬作物の根の凍害や、土が凍って盛り上がり根が切れる凍上の害も多発する。

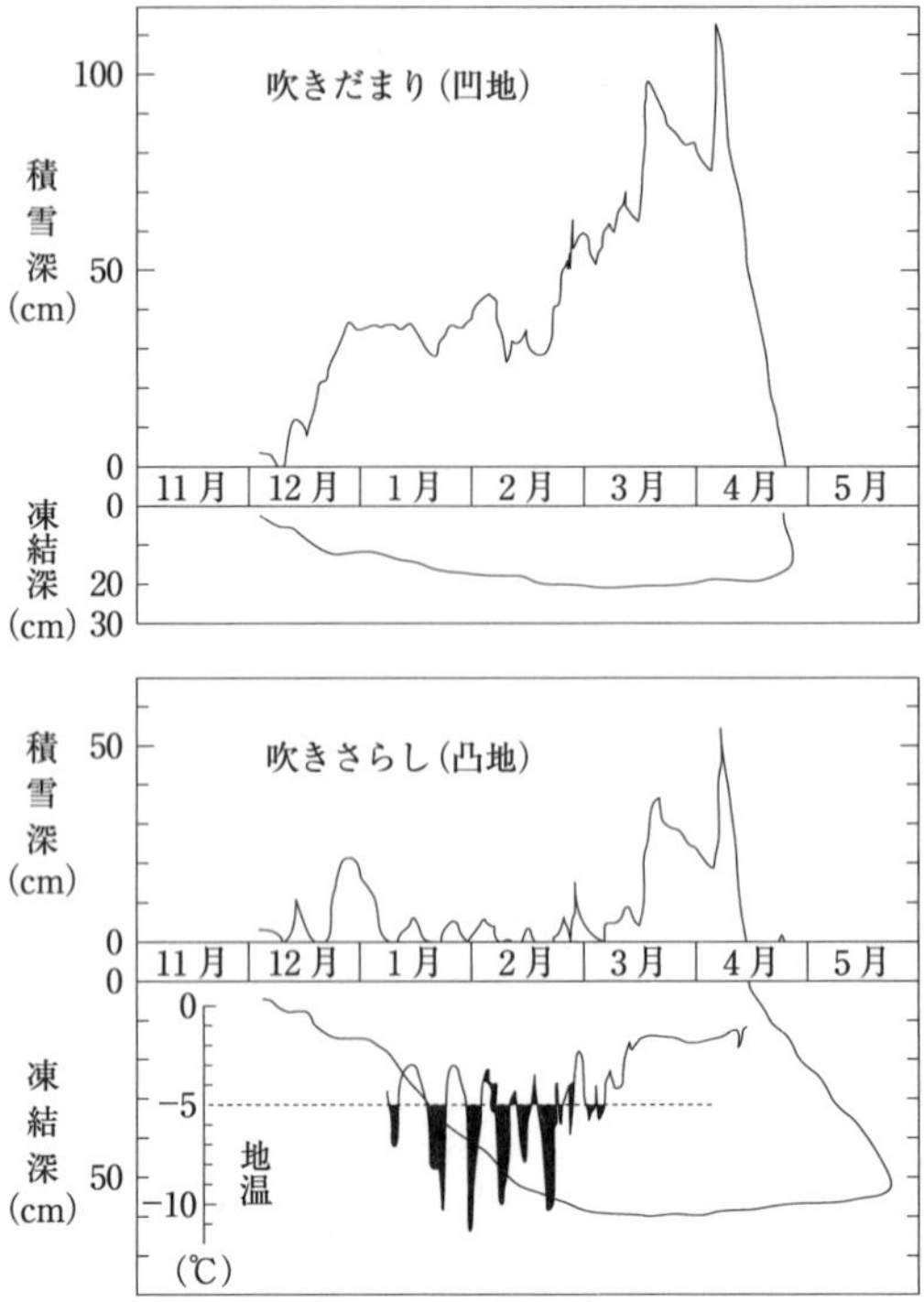

図5　北海道十勝地方における積雪深，凍結深および地温＊53

3　氷点下における水の存在状態

水はすべての生命体にとって最も重要な物質である。水の凝固点(氷点)は0℃と比較的高く、植物の生命活動と結びつけて考えられる温度範囲(40～－40℃)のほぼ中ほどにある。そのため、氷点下における水溶液の性質やその相の変化(凍結、ガラス化)は、寒さに対する植物の適応や生存戦略に重要な関わりをもっている。

(1)　水の凍結現象

まず水溶液の凍結の道筋を知るために凍結曲線を見てみよう(図6)。凍結曲線とは、縦軸に温度、横軸に時間をとり、冷却中の液の温度変化を記録したものである。水溶液は、ふつうその氷点以下まで冷却されても凍結しないで、しばらく冷却を続けたのち凍り始める。そして凍結と同時に潜熱(約80カロリー/g)が放出され、温度が氷点まで急に上昇する。したがって凍結曲線を見れば、いつ凍結が起きたかが正確にとらえられる。水溶液がその氷点以下まで冷却されることを過冷却といい、

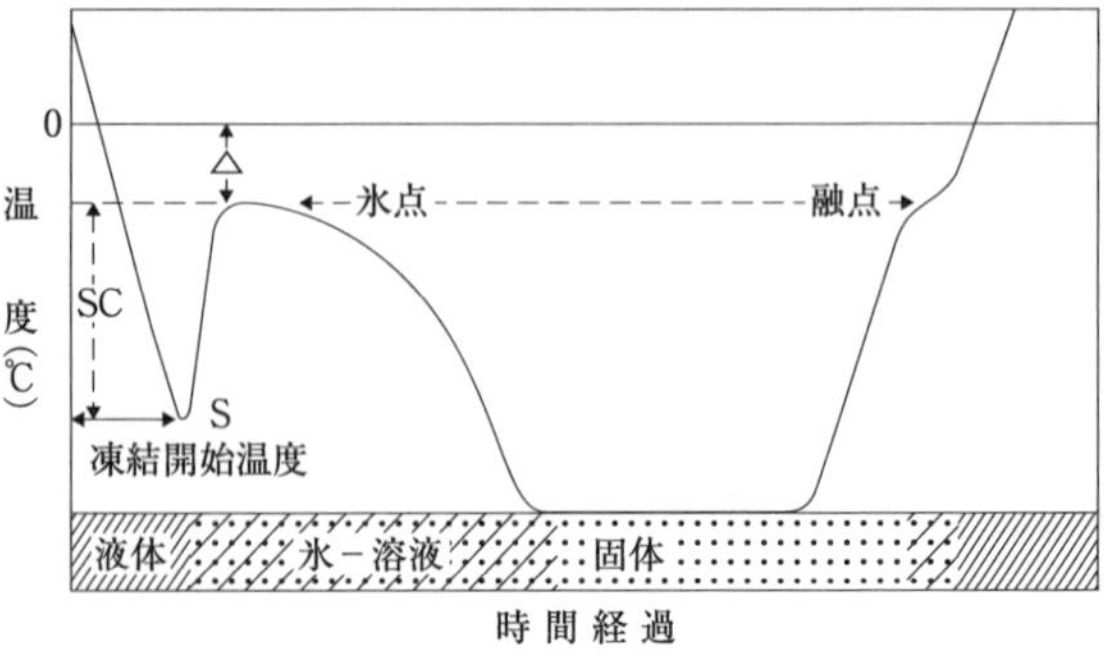

図6　水溶液の凍結曲線．S：過冷却点，SC：過冷却度，△：氷点降下度＊109

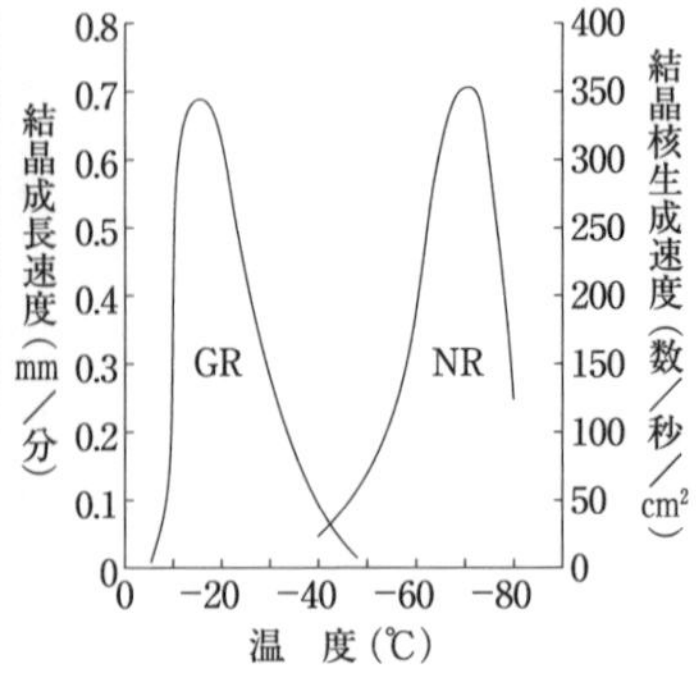

図7　左：35％のアルブミン水溶液を−3℃で凍結した六方晶形の結晶．中心に核が形成され，そこから結晶が成長＊64，右：50％ポリビニルピロリドン（PVP）水溶液の結晶成長速度（GR）と結晶核生成速度（NR）の温度変化＊64

過冷却された液が凍結を始める温度を過冷却点と呼ぶ(図6、S, SC)。

図7、左の写真は、三五％のアルブミン水溶液を－3℃で凍結したときの結晶である。中心に核が形成され、そこから結晶が成長している。このように水溶液の凍結には、まずきっかけとなる氷核の形成と、形成された氷核の成長(結晶の成長)という二つの異なるプロセスがある。なお結晶成長速度(図7、右、GR)は氷点近くの温度ですでに大きいが、氷核が形成されやすい温度(NR)は氷点よりかなり低いところにある。

水溶液の凍結開始後は、温度の降下にともない水の凍結が進み、溶液は次第に濃くなり氷点が下がる。また氷点以下の温度では、過冷却している水や溶液は同じ温度の氷よりも蒸気圧が高い。そのため、この両者の蒸気圧の差によって水の移動が起こる。細胞外凍結では、細胞膜を隔てた細胞内には過冷却している細胞液があり、その外側に氷が存在する。そこで両者の蒸気圧の差(化学的ポテンシャル)によって、細胞内から外の氷に向かって水の移動が起こるのである(凍結脱水)。

i　氷核の形成

水は氷点下の温度になっても、核がないとなかなか凍結(水分子の結晶化)を始めないで過冷却を保つ。ことに不純物を含まない水は約－40℃まで過冷却できる。この辺の温度になると、水分子自体がある大きさに集合(クラスター状)し、これが核となり結晶が成長してゆく。しかし、私たちが見たり扱ったりするふつうの水は純粋ではなく、塵や埃や微結晶などの異物を含んでいる。これら異物が、その表面に水分子を吸着して氷核の形成を助けているのである。自然界における水の凍結現象は、こうした異物による場合が多い。

ii　**氷核活性細菌**

しかし塵や埃の氷核形成能力はあまり高くない(－1～－10℃)。また、氷核形成剤として有名なヨウ化銀は、水を－8℃程度で凍結させる。これに対して氷核形成細菌は－1～－3℃で水を凍結させる。雲物理学者のシュネルとヴァリーは、ハンノキの落葉堆積物の浸出液を水滴に加えると、高い温度で凍り始めることを見つけ、その浸出液の中にある氷核形成を促進する物質を探した。[*118] その結果、植物体上でふつうによく見られる細菌シュードモナス(*Pseudomonas syringae*)が氷核形成を強く促進することを見つけた。この画期的な発見は、アメリカやカナダの農学、病理学、低温生物学関係の研究者に大きな影響を与えた。その後、ほかの細菌でもこうした性質が見つけられ、氷核形成に関係する遺伝子が分離された。さらに大腸菌を使って、氷核形成に関与するタンパク質が大量に作られた。この氷核タンパク質は氷核細菌の外膜の表層に存在し、小さな氷のタネ結晶を集める鋳型の役割をしていることがわかった。[*4] 一九八八年のカナダのカルガリにおけるオリンピックでは、ガンマー線照射で殺した氷核細菌の粉末をスキー場で降雪剤として使用した。なお氷核形成タンパク質は、細菌以外に多くの植物や昆虫でも見出されている。

iii　**凍結抑制糖タンパク質**

ヒトの血清やふつうの魚の血清の氷点は約－0.56℃である。冬の北極や南極の凍結した海水の氷点は－1.85℃まで下がるが、そこに生活する魚は－2℃ぐらいに冷えても凍結しない。それは極地

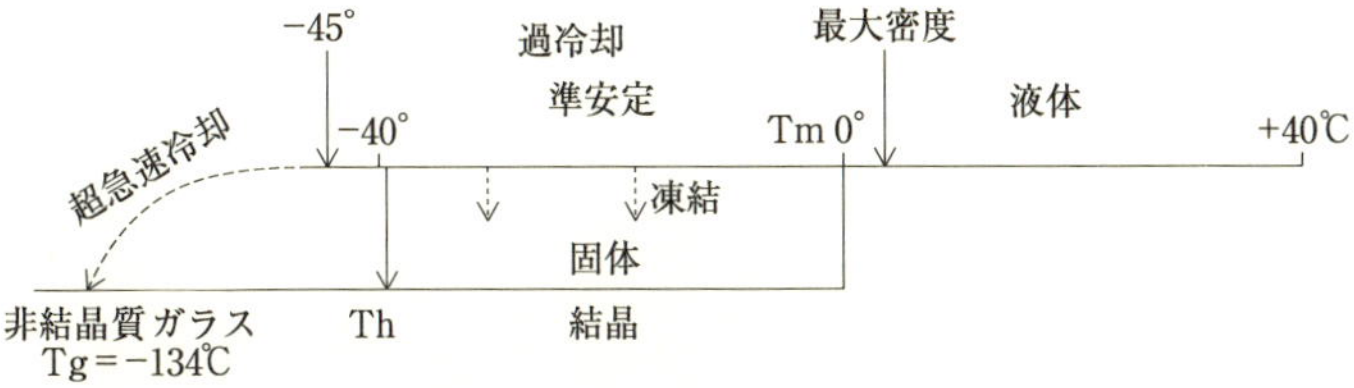

図8　氷点下の温度で存在可能な水の安定，準安定状態．Th：均質核生成温度，Tg：ガラス転移温度，Tm：融点＊22

の魚の血液中に、凍結を抑える糖タンパク質が含まれているからである。このタンパク質は氷核の形成を抑えるのではなく、形成された氷の微結晶の表面に吸着して結晶の成長を物理的に抑えている。植物でもこの種のタンパク質の存在が報告されているが、魚や昆虫と違い、その役割はまだよくわかっていない。最近、藤川たちの研究によって、木の木部の放射細胞内に同様のタンパク質が大量に存在することがわかり、この細胞の高い過冷却に関与している可能性が考えられている。

従来、氷核の形成や成長や抑制現象は物理現象としてとらえられてきた。しかし生物体内に氷核形成細菌、氷核形成タンパク質、凍結抑制タンパク質などが発見され、自然界で越冬する植物や昆虫などが、必要なときに、必要なところで凍結を引き起こしたり、過冷却させたりして、氷点下の温度に自主的に適応していることがわかってきた。

iv　水の可能な存在状態

図8に氷点以下の温度領域における水の可能な存在状態(相)を示す。水の凝固点は一気圧のもとでは0℃だが、純水であれば−40℃までの温度範囲では、ほぼ安定な過冷却で存在できる。この温度範囲内で氷核が形成されれば、凍結し潜熱を放出して安定した結晶に変わる。

自然界で植物の温度が氷点下に下がったときに、植物の生存にとって最も重要なことは、致死的な細胞内凍結を避けることである。

(2)　水のガラス化

ⅰ　ガラスとは

ふつうのガラスは複雑な組成をしている。主成分は酸化珪素(SiO_2)で、珪酸塩を多く含み、その代表的なものが伝統的なソーダ石灰ガラスである。ガラスは500℃以上になると軟らかくなり始め、流動性が増し、ガラス細工や成型ができるようになる。ガラスが他の物質と異なる点は、一定の温度(ガラス転移温度)で液体から非結晶質の固体(アモロファス)に変わることである。その分子の並び方は液体と同じように無秩序だが、硬さや凝集力などは固体と同程度である。ふつうのガラスは、ガラス転移温度である約500℃以上の温度でいったん液体にして、それを室温でガラス転移温度以下に急冷するため、液体の無秩序な分子の並び方のまま固化する。

火山の噴火の際にも、噴出物が急速に冷却され多くのガラスが形成される。黒曜石は、古くから人類によっていろいろ利用されてきた天然のガラスである。

ⅱ　水のガラス化

水の場合も、液体から固体への変化は水から結晶(氷)への変化(凍結)と、水からガラスのような氷(非結晶質の氷)への変化(ガラス化)とがある。しかし水は、ソーダ石灰ガラス(転移温度約500℃)

と比べて凝固点が0℃と非常に低く、しかも0℃直下の温度でも結晶成長速度が非常に大きい。そのために、水を凍らせることなく急冷してガラスに固化させることは非常に難しい。ところがマクミランとロスは、液体窒素で冷やした銅板の上に水蒸気を急速に凝集させて、水をガラス化させることに成功し、その転移温度が約−134℃であることを明らかにした。[*67] 図8に超急速に冷却された水のガラス転移点(−134℃)が示されている。

iii　濃厚水溶液のガラス化

前に述べたように、純水をガラスに固化させることは困難である。ところが、スクロースやグリセリンなどの濃厚な水溶液では、粘度が高いため水分子が動きづらい。こうした溶液では氷核ができにくく、非常に低い温度まで過冷却する。そのため比較的速く冷却すれば、スクロースの七〇％水溶液は約−50℃まで、グリセリンの六〇％水溶液は約−110℃まで過冷却したのちガラスに固化する(口絵8参照)。このガラス転移温度は、溶質の種類や濃度によってかなり異なる。溶液がガラス化する場合には氷の結晶はできないので、細胞をガラス化させて保存するという方法をとると、細胞内凍結を避けて、細胞を液体窒素温度で生かすことができる(補論2参照)。

4　危険な細胞内凍結をどう防ぐか

乾燥に耐えられる種子や胞子などは凍結水をもたないので、どんな低温にさらされても生きられる。しかし越冬中の多くの植物は四〇％（生重量当たり）以上の水を含んでいるため、氷点下の温度にさらされると、細胞の構造を破壊する致命的な細胞内の凍結が起こりやすい。したがって、冬を生き抜くためには、いかにして細胞内凍結を防ぐかが重要となる。また寒さの厳しい地域で越冬する植物は、細胞が－30℃以下まで強く凍結脱水されても生きられる能力をもっている。

(1)　植物の凍結

本州の暖地でも霜が降りた日には、路傍の雑草や畑のホウレンソウ、コマツナ、ダイコンの葉などは凍結して濃緑色になり、地面にひれ伏している。この凍結している葉柄を手の熱で解かさないように手袋をはめて折ると、細胞間隙に多量の針状結晶が見える。やがて朝日が当たって氷が解けると、細胞は再び吸水して植物は立ち上がり、もとの緑色に戻る。しかしダリアやカンナなど、耐

図9　左：凍結して越冬しているヒメアオキの葉（気温－10℃）．右：凍結して越冬しているシャクナゲの葉（気温－10℃），矢印：花芽（著者撮影）

凍性をもたない植物は凍死して、再び立ち上がることはない。図9、左は、凍結して濃緑色の葉を垂れて札幌で越冬しているヒメアオキの葉を示す。この葉は－20℃近くまでの細胞外凍結に耐える。図9、右（口絵1参照）は、凍結して葉を内巻きに垂れて越冬しているハクサンシャクナゲである。シャクナゲの葉は凍り始めると同時に葉柄を垂れ始め、温度が低下するにつれて幅を狭くする。そして－10℃前後では巻きせんべいのように筒状になる。だからシャクナゲの葉の垂れ具合や巻き具合から、外気温がほぼ推測できるのである。山地の寒冷地に分布する、シャクナゲのような常緑性の大きい葉は、こうすることによって、放射冷却による強い冷え込み、日射による葉温の著しい上昇や、何よりも葉からの蒸散による水分の喪失を抑えている。その上、葉を垂れることによって葉上の冠雪を防ぎ、枝や幹折れを防ぐ効果もある。

植物細胞の凍結を説明する前に、動物と植物の細胞の違いについて説明しておきたい。動物と違い、陸上植物では、組織の細胞間隙はふつうは空気で満たされ、体液がない。植物ではガス交換が何よりも必要だからである。動物細胞と植物細胞のもうひとつの大きな違いは、動物細胞は裸の細胞だが、植物細胞は細胞膜の外側に細胞壁をもっていることである。そしてこれらの細胞がユニットとなり、ちょうどレンガを積み重ねるように茎や幹を作っている。

(2)　細胞内凍結と細胞外凍結

まず植物体のどこに氷ができるのか見てみよう。小さい植物組織片をゆっくり冷却すると、細胞壁の外側の細胞間隙に最初に氷ができる。このとき、細胞外で氷が成長しても細胞の内部が凍ることはめったにない。これは、細胞を取り囲む細胞膜が、水を通すが氷は通しにくいためと考えられる。耐凍性の高い細胞では、この性質が冬に特に発達している。次に、細胞の外側に氷が接触したまま次第に温度を下げてゆくと、細胞内部の水が細胞膜や細胞壁から外側に出て氷の表面に達し、ここで凍る。その結果、細胞は徐々に脱水されてしなび、外側にある氷晶は成長する(図10)。このような凍り方を細胞外凍結という。図10は、培養細胞の媒液を除き、シリコンオイルに浸して約－5℃まで過冷却させたのち、細胞の表面に氷を接触させて細胞外凍結を起こさせたもので、細胞内の水が細胞外に霜柱のような氷として析出している。

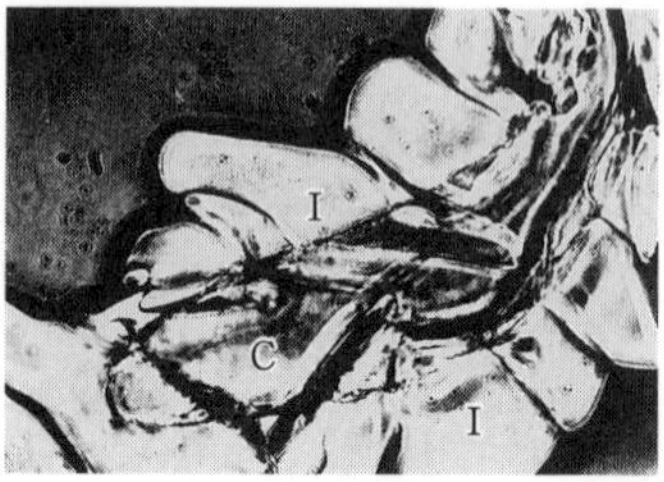

図 10　タバコの培養細胞の細胞外凍結*5. シリコンオイルに浸して凍結. I：細胞壁の外側にできている氷, C：細胞は凍結脱水されて収縮している

細胞外凍結が起こると、温度が下がるにつれて細胞の脱水と収縮が進み、細胞内の濃度が高まる。そのため細胞内は凍結しにくくなる。しかし細胞外凍結状態でも、ある限界を越えると、脱水やそれに伴う細胞の収縮などの機械的ストレスのために凍結傷害が起こる。その傷害発生温度は植物の種類と季節によって異なる。後で説明するように、落葉広葉樹の枝の木部の細胞は、冬季には－30℃前後まで安定して過冷却する。この細胞壁は水をほとんど透過させないからである。細胞外凍結が起こるためには、細胞内の水が細胞膜や細胞壁を透過し、その外側の氷に持続的に供給されることが必要である。そのためには細胞外で最初に凍結が起こることと、その氷を収容できる細胞間隙の存在とが必要である。

一方、細胞が急速に冷却されるときには細胞自体も十分に過冷却したのち凍結が始まるので、凍結が細胞内にまで進行してしまう。この凍り方が細胞内凍結で、細胞内が凍結すると細胞膜や細胞の微細構造が壊されるため、どんな生物細胞もこれには耐えられない。自然界での温度の低下は一時間当たり4～5℃程度と小さいため、越冬中の野生植物が細胞内凍結を起こすことはまずない。

一般に越冬草本類の葉、茎、根や常緑樹の葉、落葉広葉樹の枝や茎の皮層組織(形成層を含む)、根などは、細胞外凍結で氷点下の温度を生きている。

(3)　過冷却による細胞内凍結の回避

シュロ(ヤシの仲間)の成熟葉は－12℃前後まで安定して過冷却する。シュロの葉の中を縦走する

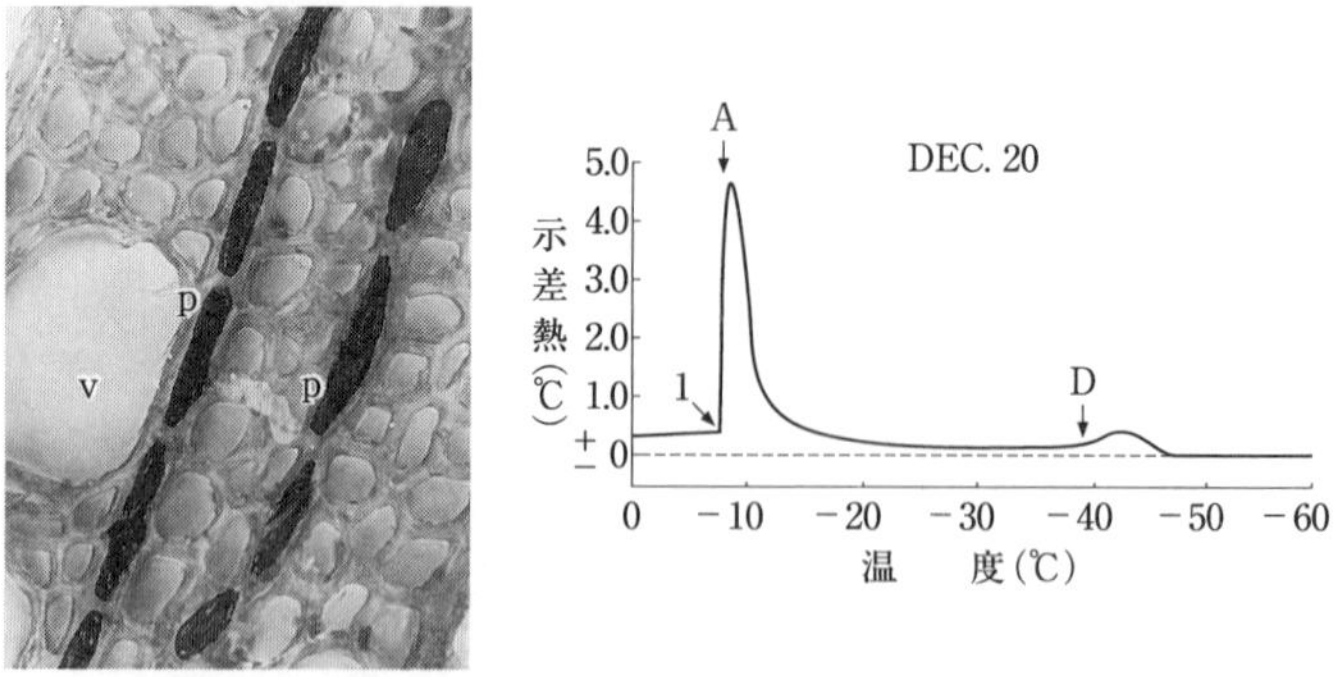

図11　左：クワの木部の組織断面．p：木部放射組織，v：導管．右：リンゴの枝の木部放射組織の過冷却．縦軸は示差熱量の相対値で示す．A：枝の靭皮組織や大部分の木部組織の凍結による潜熱の放出，D：木部放射組織は約－40°Cまで過冷却した後，細胞内凍結を起こす*78

導管の中では最初に－５°C近くで凍結が起こるが、約－10°Cまでは、この凍結は周囲の過冷却している葉肉細胞には進行しない。しかし約－12°C以下に冷却されると、凍結が葉肉細胞に徐々に進行し葉肉細胞の凍害が増大する。

　植物の過冷却は、亜熱帯から暖帯まで分布する耐寒性のシュロの葉、熱帯高地に分布するジャイアント・ロゼットの葉（I－11参照）、落葉や常緑広葉樹の木部の組織、種子などの特殊な組織や器官で見られる。すでに説明したように、純水は約－40°Cまでしか過冷却できないが、冬の組織では細胞内に糖類などの多量の溶質を含んでいるので、約－50°C以下までも過冷却できる。

　クワの冬枝の木部組織（図11、左）が少なくとも－20°Cまで過冷却することは、低温科学研究所で一九五五年に青木によって最初に報告された。*2・3 しかし、その当時の当研究室では－30°Cまで冷却することができず、また青木教授の転勤のために、この研究は中止された。私が一九七〇年ミネソタ大学のワイザー研究室で、大学院学生クワーメェの研究指導を依頼されたときの研究テーマが、リンゴの枝の過冷却であった。その研究を紹介しよう。図11、右は、リンゴの当年生枝の小片の示差熱分析†である。最初に、約－10℃で枝の皮層組織や導管に凍結(A)が起こるが、この凍結は枝の生死には関係ない。その後約－32℃まで過冷却したのち、凍結による潜熱の放出(D)が見られた。この凍結は、約－40℃まで過冷却していた木部の柔細胞組織が細胞内凍結を起こしたもので、この温度で組織は凍死する。しかし凍結を始める約－30℃より高い温度で冷却を止めて、温めたときには枝はまったく正常であった。[*78] リンゴの冬枝では－30℃に一カ月おいても木部の組織は過冷却している。しかし－40℃以下に冷却すると、まもなく過冷却が破れ凍結した。なぜ木部の組織が－30～－40℃まで過冷却できるのか、そのメカニズムはまだ十分に解明されていない。過冷却しやすいのは、木部の放射細胞の細胞壁が水を透過させにくいため細胞外凍結が起こりにくいこと、細胞内に多量の糖やタンパク質を含み細胞内濃度が非常に高いことのほかに、おそらく細胞内に凍結を引き起こす氷核活性物質が存在しないことや、氷晶の成長を抑制する特殊タンパク質の存在も予想される。

† 示差熱分析：熱電対の一方を試料(芽、枝)に挿し、他方を乾燥した同じ試料に挿し、二つの試料を同じ冷却速度で冷却して、凍結に伴う潜熱の放出から試料の凍結温度を知る。過冷却や、後で説明する器官外凍結の場合には、低い温度での凍結開始温度がそのまま試料の致死温度になる場合が多いので、この方法で凍死温度がわかる。

多くの冷温帯落葉樹の芽や茎の組織は耐凍性が高く－50℃以下の低温にも耐えるが、木部の組織は過冷却で－30〜－40℃程度までしか生きられない。しかし特別に耐凍性が高いヤナギ、ポプラ、シラカバの仲間の木部組織のみは－70℃まで生きられる。これらの樹種の木部放射組織は－70℃まで過冷却で生きている可能性が、藤川の研究で最近示された。

多くの温帯落葉広葉樹の冬の枝の木部組織が－30℃まで安定して過冷却していることを確認したクワーメェらの研究は、世界的に大きな反響を呼んだ。[*78] 彼がこの論文をまとめ上げるに際して、同じことを約一五年前に最初に発見した青木の和文論文を引用するように要請した。[*2・3] 帰国してから仙台で青木教授に、ミネソタ大学でのクワーメェの過冷却の研究結果を説明したら、やはりそうであったかと、大変喜ばれた。

温帯植物の場合には、昆虫と違い、植物の個体全体が過冷却で越冬することは考えられない。大きな植物の場合には、小さい昆虫と違い、植物全体でなく、それぞれの組織や器官ごとに、それらの機能と形態や構造に応じて、細胞外凍結（凍結耐性）か、過冷却か、これから説明する器官外凍結かのいずれかの方法で、細胞内凍結を回避する方法がとられている。

(4)　芽の越冬メカニズム

i　広葉樹の花芽

越冬中のツツジの花芽の中の小花（図12、左、F）が－20℃以下まで過冷却することや、その過冷

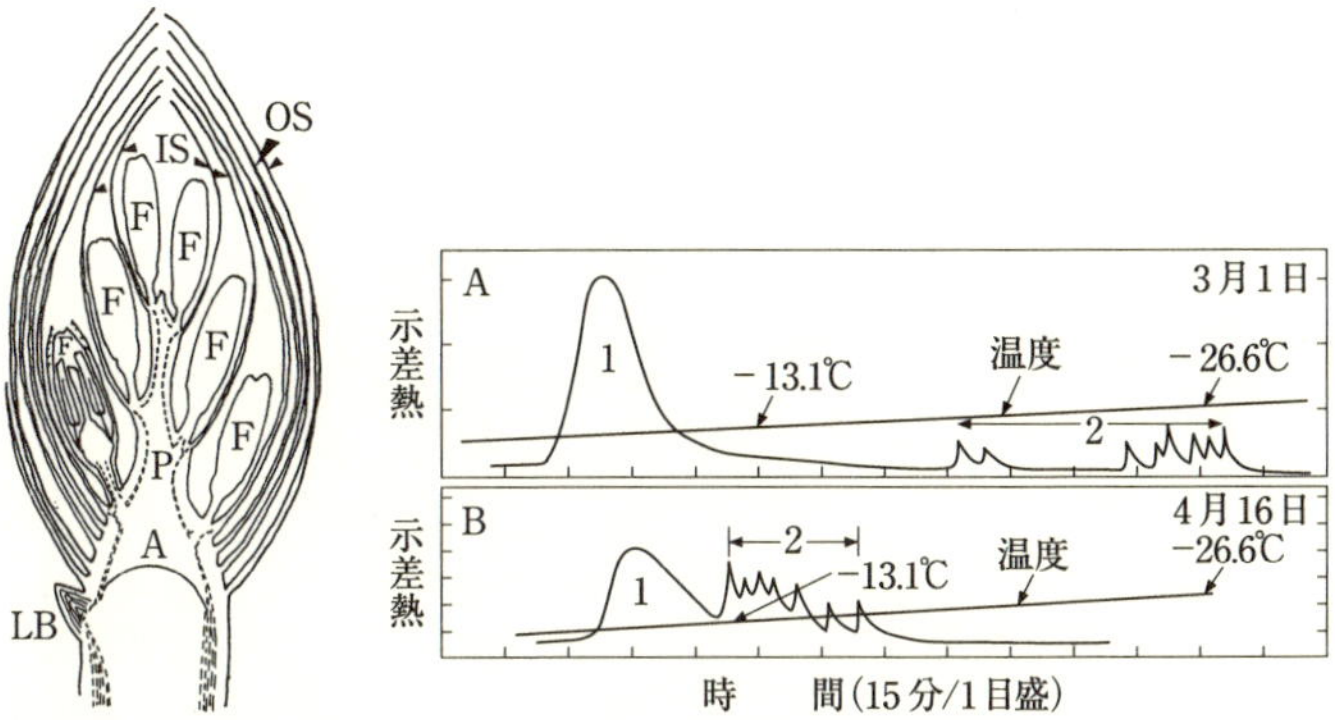

図12　左：レンゲツツジの花芽の縦断面．F：小花，IS：内部りん片，OS：外部りん片，P：花梗，A：茎の主軸，LB：葉芽*39．右：ツツジの花芽の示差熱分析．1：りん片，主軸，花梗などの凍結(細胞外凍結)，2：7個の棘状の突起は花芽中の小花の凍結(細胞内凍結)を示す．冷却速度：0.14°C/分*27

却能力が季節によって著しく変わることは、一九七〇年代中頃にミネソタ大学のワイザー研究室で示差熱分析によって明らかにされた。小花を取り囲んでいるりん片(OS, IS)や主軸(A)などは−10℃前後で細胞外凍結するが、一個の花芽の中にある六個の小花(F)は約−20℃以下まで過冷却したのち、次々と細胞内凍結を起こす。このとき、グラフ上に潜熱の放出に伴う棘状の突起が現れる(図12、右、2)。なお、一個の棘状突起は一個の小花の凍結を示す。したがって示差熱分析により小花の致死温度がわかる*27。図12、右、Bは越冬後の春の花芽の示差熱分析で、含水量が増加しているため小花の過冷却能力が著しく低下しているのがわかる。

ツツジの小花の致死温度が冷却速度によって著しく変わることが石川らによって明らかにされた*38・39。同じことを、ミズキの仲間で早春に黄色の小さい

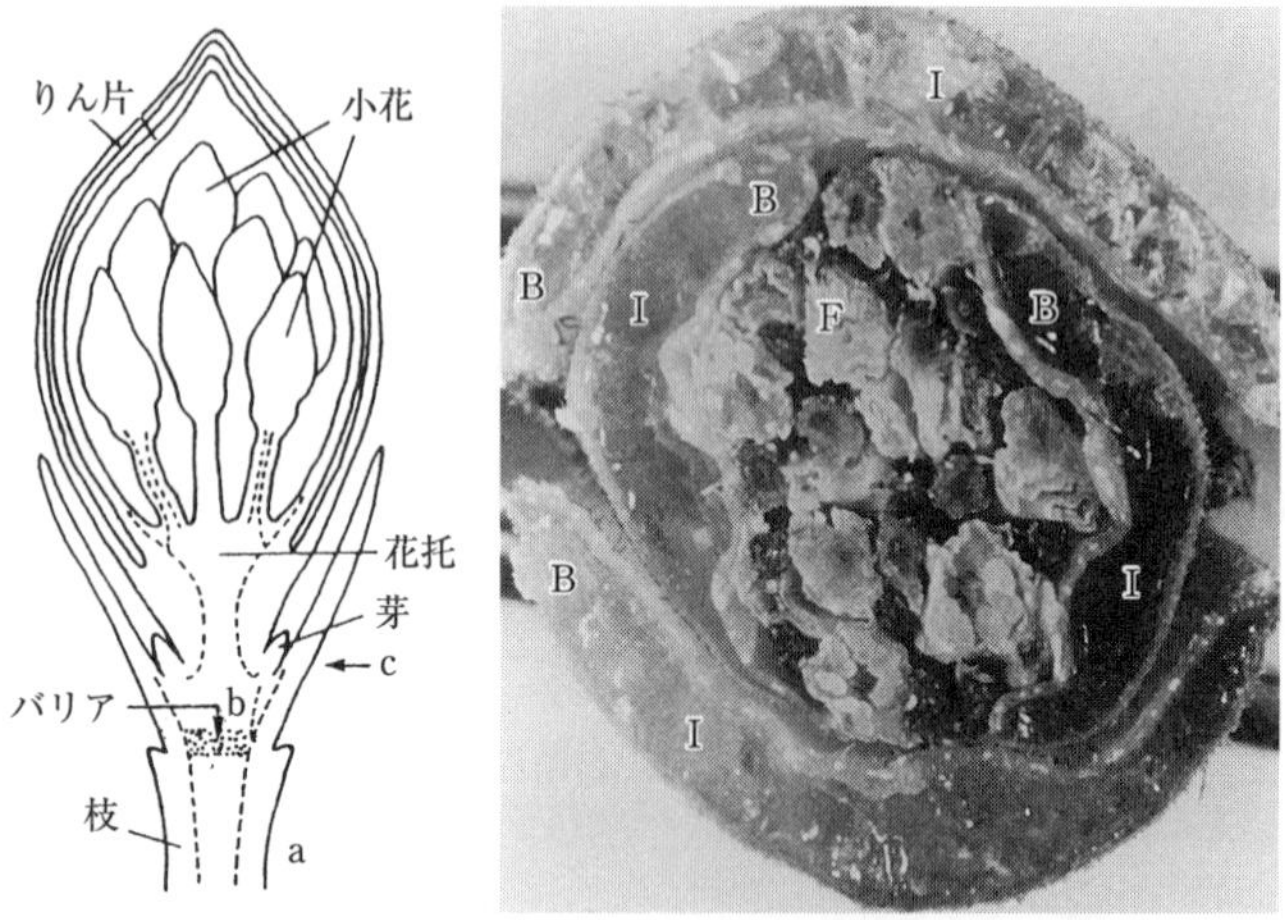

図 13　左：サンシュユの花芽の縦断面．点線は維管束を示す*[39]．右：−22℃まで緩速に冷却したサンシュユのりん片(B)内に析出した氷の偏光顕微鏡写真．I：りん片内に析出した氷(器官外凍結)，F：脱水された小花

花を咲かせるサンシュユで見てみよう。図13、左はサンシュユの花芽の縦断面である。中央に位置する多くの小花が、外側にあるりん片で包まれている。まず冬の初めに、枝と花芽との境にタンニン様の物質で隔膜(バリア)が作られ(図13、左、b)、枝から花芽への水や氷の移動が断たれる。この花芽が氷点下数度に冷却されると、小花は過冷却し、りん片内(図13、右、B)で最初に凍結が起きる。一度りん片内に凍結が起こると、過冷却している小花の水が維管束(図13、左、点線で示す)を通りりん片に移行するため、温度低下につれて小花が脱水されて、りん片内に次々に氷が形成されてゆく。図14からは小花の含水量(F)が著しく減少し、それに対応してりん片の含水量(S)が増加していることがわかる。氷点下

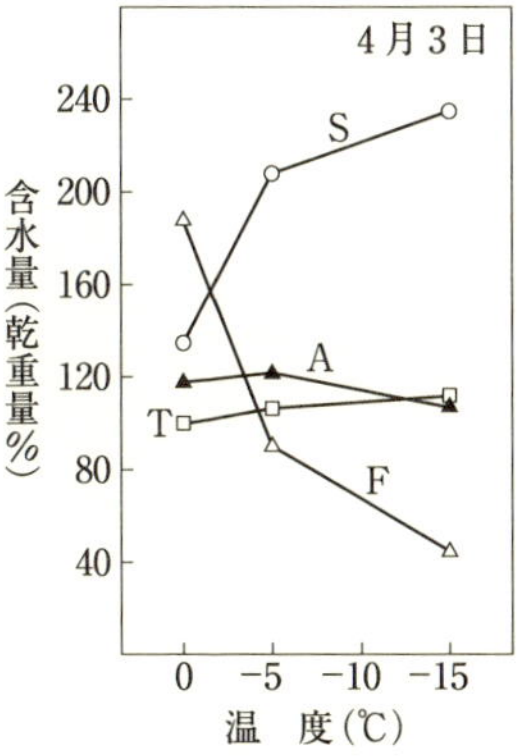

図14　4月初旬に採集したサンシュユの花芽を，1日に5℃ずつ温度を下げ各温度に1日間置いた場合の小花(F)，りん片(S)，花軸(A)，花軸の基部(T)の含水量の変化[39]

の温度で、こうした小花の脱水が起こるためには、まず最初にりん片内に凍結が起きることが必要である。最近、石川らはりん片内に氷核活性物質が存在し、氷点下の高い温度でりん片が最初に凍結することを明らかにした。[40]

この凍結脱水で小花の氷点が約9℃下がり、過冷却による致死温度は約−25℃に下がった。図13、右は、一日に5℃ずつ温度を下げ−22℃まで冷却した花芽の横断面である。小花が強く脱水され、りん片内に多量の氷(I)ができているのが観察される。このように花芽の小花は、それ自身は細胞外凍結に耐えられないが、維管束を通して水をりん片に移動させ、強い脱水による濃縮を導き、−25℃近くまで生きられる。なお小花は、細胞と比較して非常に大きいため脱水に多くの時間がかかる(図14)。そのため花芽を速く冷却すると、冷却の速さに小花の脱水がついてゆけないために、高い温度で小花の中が凍り凍死する。このように花芽の致死温度は冷却速度により著しく異なる。

この脱水を伴う過冷却現象はこれまで知られていなかったメカニズムである。これによって広葉樹の芽(口絵2参照)や花芽、あとで説明する針葉樹の芽や花芽など、複雑に分化し、細胞が高密度に充填された構造をもつ重要な胚器官内での凍結が防がれ、

−30℃以下でも生き抜くことができる。植物の実に巧妙な凍結回避法である。われわれは、これを器官外凍結と名付けた。

従来、細胞外凍結で凍結脱水に耐える細胞や組織を、耐凍性のある細胞・組織と呼び、他方、細胞外凍結に耐えないで、過冷却で氷点下の温度を生きる細胞や組織を、凍結回避して生きていると呼んできた。過冷却している細胞や組織では、細胞外への水の移動はない。もし細胞外への水の移動が起これば、これは細胞外凍結になる。しかし、前に説明した広葉樹の花芽や、これから説明する針葉樹の芽は、あたかも細胞外凍結であるかのように器官内の水を器官外に凍結脱水させ、自らは過冷却状態で−30℃以下までも凍結脱水に耐えている。そしてその器官が、どの温度まで器官外凍結で生きられるかは、細胞外凍結の場合と同じように、その器官の凍結脱水に耐える能力によって決まる。もし強度の凍結脱水に耐えるならば、アラスカやシベリアの針葉樹の芽のように、−70℃以下までも生きられる。

すでに説明したように、ミネソタ大学のワイザー研究室で一九七〇年代、多くの研究者によって、花芽の過冷却現象が示差熱分析で調べられた。しかし冷却速度が一定で、すなわち朝設定し夕方に終了するため、かなり速く冷却してしまい、さらに凍結状態の花芽を実際に低温室で観察しなかった。そのため、小花からりん片への水の移動には気づかず、この現象は単なる花芽の過冷却現象として片付けられていた。われわれによる新しいメカニズムの発見は、示差熱分析という間接的な方法で現象を解析するだけでなく、低温室で顕微鏡を用いて現象を直接観察することによって初めて

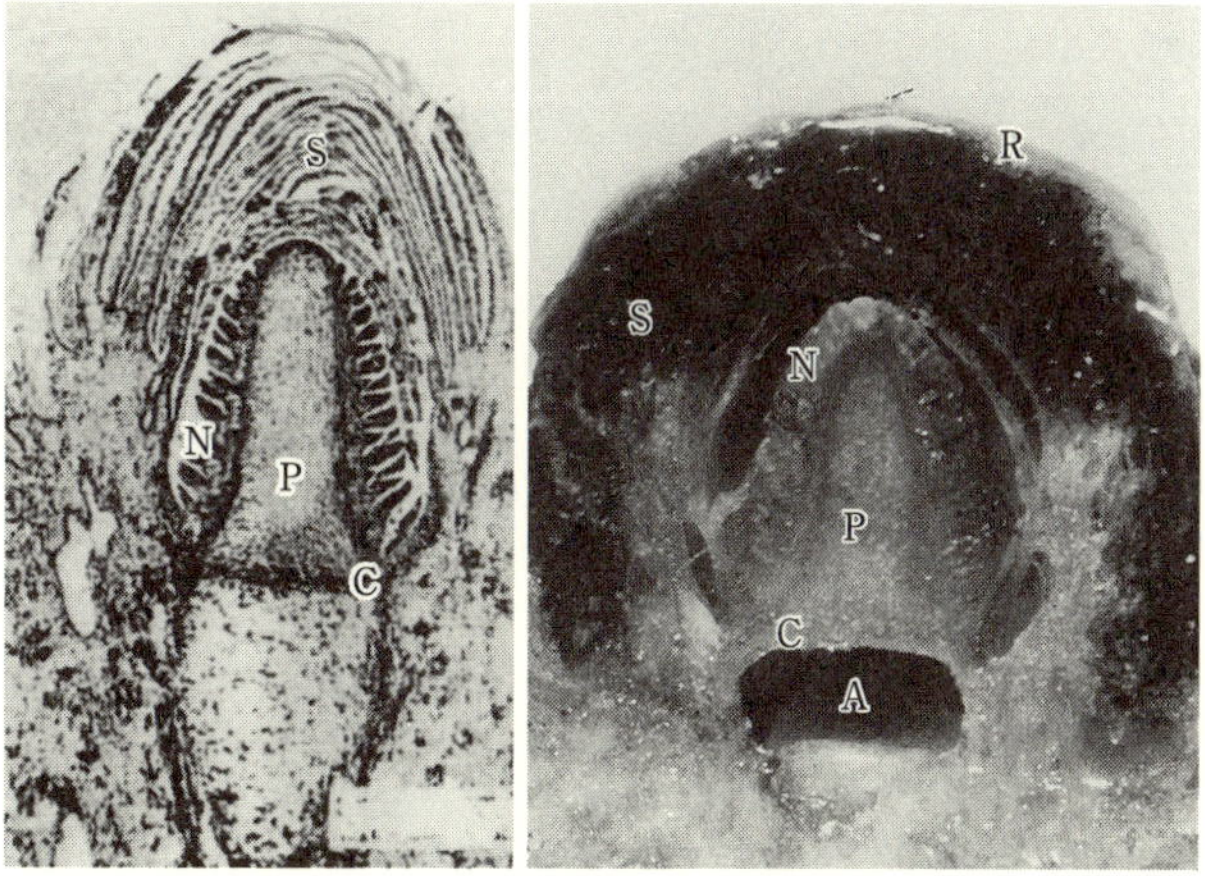

図15　左：トドマツの冬芽の縦断面．P：枝条原基，C：クラウン，S：りん片，N：葉原基．右：4月中旬に採集したトドマツの芽の縦断面．クラウン下部に大きな空隙(A)が認められる．これは冬の間，たび重なる氷の析出によって主軸のズイが下に押し下げられて形成されたものである．R：芽の表面の樹脂

達成された。

ii　針葉樹の芽の形態

北海道に自生するトドマツ（モミ属）、エゾマツ（トウヒ属）の葉や枝は約−70℃の高い耐凍性をもっているが、芽や花芽はせいぜい−40℃程度の低温にしか耐えられない。そのため針葉樹の耐寒戦略で最も重要になるのは芽である。トドマツの冬芽は、図15の左に示すように、約一～二ミリメートルの大きさの枝条原基（P）や葉原基（N）が、クラウン（C）と呼ばれる弾力性のある膜構造を介してその下の茎に連絡している。このクラウン組織がトドマツの越冬に重要な役割を果たしている。クラウンはマツ科の針葉樹のうち、モミ、トウヒ、ツガ、カラマツなどの、おもに北方に分布する針葉樹に存在する。しかし古い時代から分布す

る針葉樹であるマツ属やスギ科、ヒノキ科、イチイ科などには存在しない。札幌では九月下旬になると、トドマツの芽にクラウン組織が形成されるが、このクラウン組織ができて初めて冬芽の構造ができあがり、越冬が可能になる。

　トドマツの冬芽(図15、左)の中央にある枝条原基(P)は、一〇〇枚以上のりん片(S)によって外側を覆われ乾燥から守られている。初冬になると、りん片の外側は白い樹脂でさらに厚く覆われる(図15、右、R)。この樹脂は春になると溶け、開芽後に体内に回収される。またトドマツの冬芽のりん片の数は、寒さの厳しい地域のものほど多い。トドマツの二ミリメートルほどの小さな芽の枝条原基には、翌春に伸び出す枝と葉(N)の原基がすべて秋に用意されている。自宅の庭にある樹高二メートルほどのトドマツの、今年伸びた枝についている葉の枚数を数えたところ、八センチメートルの長さの枝に二〇五枚の葉をつけていた。すなわち昨年の越冬芽の中の小さな枝条原基(P)に、今年伸びた枝と二〇五枚の葉が用意されていたことになる。

iii　針葉樹の芽の器官†外凍結

　越冬中のウラジロモミの芽の中から、二ミリメートルほどの大きさの枝条原基を取り出して示差熱分析すると、−10℃以下で凍結し凍死することがわかった。しかし自然状態では、芽の中の枝条原基は−30℃以下の低温にも耐えた。そこで芽の中の氷の分布を、−15℃の低温室で双眼顕微鏡下で調べてみた。顕微鏡をのぞいてみると、クラウン組織から下の方に向かって針状結晶(I)が成長し、芽を支えているズイを押しつけているではないか(図16、左)。これを見た瞬間、水が、

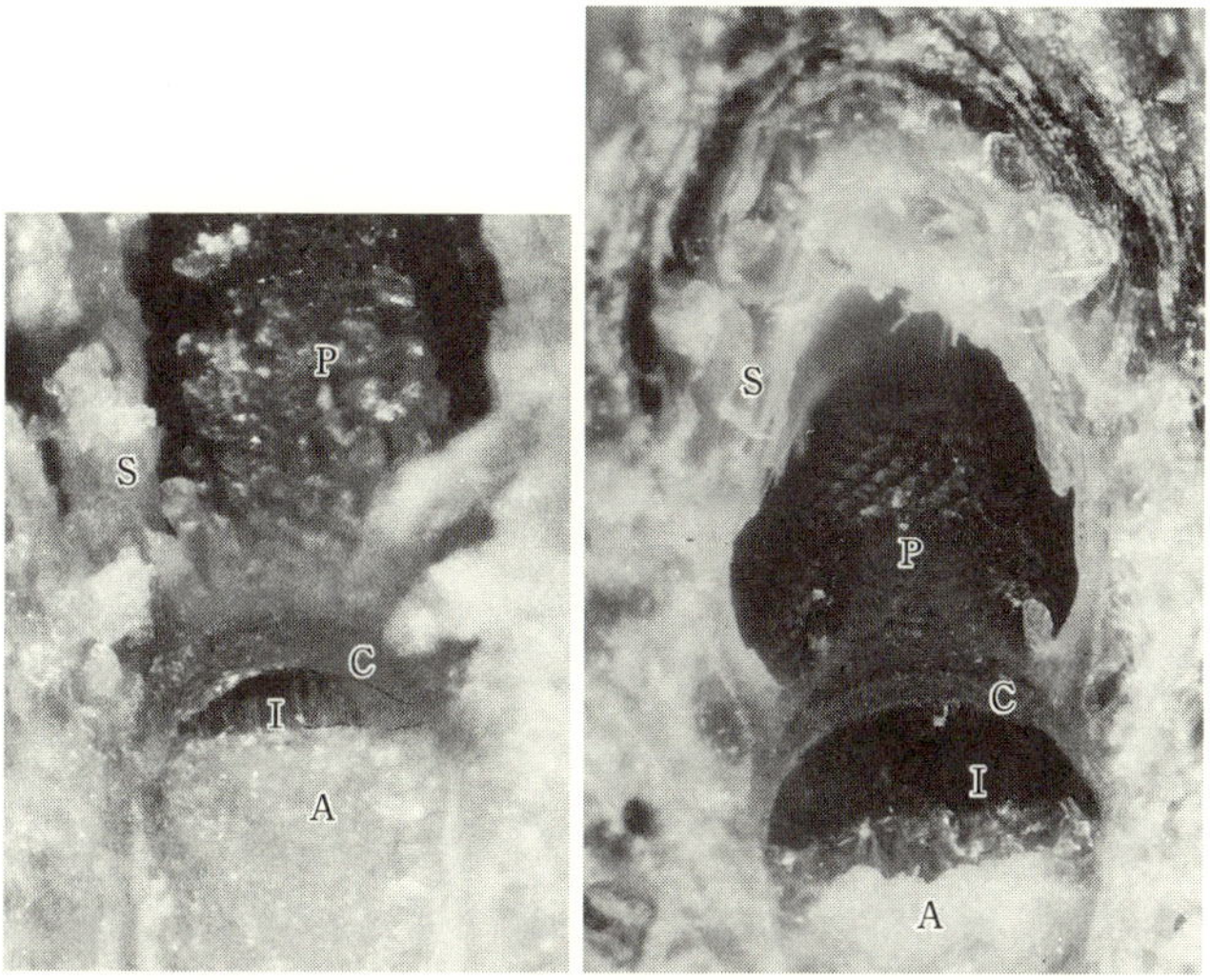

図16　左：ウラジロモミの器官外凍結の初期（－12℃）．枝条原基(P)中の水がクラウン(C)の下に針状結晶(I)として析出し，下のズイ(A)を押しつけている＊105．右：－20℃で器官外凍結している芽の断面．S：りん片，I：クラウンの下に析出した氷，A：主軸のズイ

過冷却している芽の枝条原基（P）から境界膜のクラウン組織（C）を通り、その下部に氷晶として析出していることがわかった。細胞外凍結のように、枝条原基の水がクラウンの膜構造を通り、その外で凍結脱水しているようだ。このことから、このクラウンは水は通すが、氷を通さない程度の大きさの間隙をもっていることが考えられる。しかもクラウンは、温度が低下するにつれて半円形に形を変え、表面積を増大させて、過冷却している枝条原基からの脱水を助けている(図16、右)。こうして－30℃程度まで冷却されたウラジロモミの芽では、クラウン下部に多量の氷が形成されていることが明らか

となった(図16、左)(口絵3)。

† ひと冬の実験に一〇〇〇個近い数の比較的均一な芽が必要であったため、多量の芽が得られやすい本州の山地に自生するウラジロモミを一〇本研究所構内に植えて使用した。

春になると、クラウン下部にできた氷が解け、そのあとにすき間(図15、右、A)が残るが、その大きさは冬にできた氷の大きさを示し、越冬地の冬の寒さの程度を示す。先の研究によって、従来形態学的に不明であった針葉樹のクラウンの役割やその下部にできている間隙の意味が明らかになった。こうした顕微鏡下での観察と示差熱分析の結果から、トドマツなどの針葉樹の芽の枝条原基の構成細胞は、細胞外凍結には耐えられないが、枝条原基の中の水をその外側に凍結脱水することで、−30℃以下までも過冷却で生きていられることがわかった[*101・105]。この場合も最初にクラウン下部に氷晶ができることが必要で、花芽のりん片と同じように、ここに氷核活性物質が存在している可能性が高い。

次に、カラマツの花芽について調べてみた。口絵4は、シベリアカラマツの芽を−30℃までゆっくりと冷却後、縦断した切片の写真で、クラウン下部に多量の針状結晶が認められた。口絵5は、ニホンカラマツの花芽を、一時間に5℃の速さで急速に冷却したときのものである。枝条原基の脱水が冷却速度に追随できないので、脱水が十分進まないうちに枝条原基内部で凍結が起こり凍死した。

口絵6はスギ科のメタセコイアの花芽の器官外凍結を示す。スギ科の針葉樹は、モミ亜科の針葉れる。

樹と違いクラウンがないために、芽の枝条原基内の水は芽の基部にあるりん片内に氷として析出される。

iv　アラスカにおける針葉樹の芽の器官外凍結

北海道の針葉樹の芽はゆっくり冷却しても－40～－45℃までしか耐えられない。そこで、気温が－50℃以下まで下がるアラスカの内陸部で越冬している二種類のトウヒ属（スプリュース）の枝を、アラスカ大学の友人から札幌に空輸してもらい調べた。これらの芽の原基でもトドマツと同じように、クラウンの下部に多量の氷が認められた。また最も内部に位置するりん片内にも氷の析出が認められた（口絵7）。さらにスプリュースの芽は－70℃まで冷却しても生きていた。すなわち北海道の針葉樹の芽よりもさらに強度の脱水に耐えられることがわかった。

マツ科の針葉樹のなかで亜寒帯や温帯の亜高山帯に広く分布するモミ、トウヒ、ツガなどの属やカラマツ属の針葉樹は、おもに暖帯や温帯に分布域をもつマツ属と比べ比較的新しく出現し、北半球の中高緯度の寒冷気候に適応して分布域を広げた。それらの芽の特徴は、枝条原基が数ミリメートル以下と小さく、いずれもクラウン組織をもっており、器官外凍結で越冬していることである。それに対して、マツ科の針葉樹のなかでも最も古い起源をもつマツ属の長芽の原基は、前記の針葉樹の芽と比較し非常に大きく（一～三センチメートル）、またその基部にクラウン組織をもたず、下の茎に直結している。また、このマツの長芽の枝条原基は細胞外凍結で越冬していることが確かめられている。このように同じマツ科の針葉樹でも、芽の形態や構造の違いにより芽の越冬様式はまったく異なっている。

(5) 細胞、組織、器官、それぞれの耐寒戦略

どんな植物細胞も細胞内凍結には耐えられない。したがって植物の氷点下における耐寒戦略は、基本的にはすべて凍結回避ということになる。しかし国際的には、細胞の耐寒戦略を、細胞外凍結に耐える細胞と、それに耐えない細胞というふうに二分していて、前者をとくに耐凍性の細胞 frost hardy と呼んでいる。この区分の仕方に準じて、器官外凍結も器官自身が凍結脱水に耐えている立場から耐凍性とみなすと、植物の細胞、組織、器官の耐寒戦略はそれぞれ次のように分けられる。

① 耐凍性獲得(凍結脱水に対する耐性)

・細胞外凍結：草本類、木本植物の常緑葉、茎の皮層組織など

・器官外凍結(脱水を伴う過冷却)：広葉樹の越冬芽・花芽、針葉樹の芽

② 凍結回避

・過冷却能獲得(脱水を伴わない過冷却)：広葉樹の木部放射柔組織、熱帯高地のジャイアント・ロゼット葉など

・乾燥耐性獲得による凍結回避：強度の乾燥耐性獲得―種子、胞子、花粉など

5　植物の生存最低温度に挑む

これまでに地球上で観測された最低気温は、ロシアの南極基地ボストーク(南緯七八度二八分、標高三四八八メートル)の−88.3℃である。また現在、人間が生活している地域での観測最低気温(公認)は東シベリアのベルホヤンスクの−67.8℃である。冷媒としてよく使用されるドライアイス(固形二酸化炭素)の温度が約−78℃、液体窒素の温度が−196℃、液体ヘリウムの温度が−269.5℃、そして温度のどん底である絶対零度は−273.16℃である。このように氷点下の温度にも、いろいろな段階がある。私が初めてクワの耐凍性の研究を始めた一九五三年頃には、極度に乾燥(含水量数%)した、凍結水を含まない種子、花粉、微生物などを除いて、四〇%以上の水分をもつ通常の植物が最低何度まで生きられるかはわかっていなかった。

(1)　−196℃に冷却されたヤナギは生きていた

植物の耐凍性の研究を始めてから二年後の一九五五年、クワの冬の枝の靭皮細胞は−30℃の凍結

図17　−30°Cで凍結脱水後，−196°Cに冷やしたのち，空中で融解し挿し木されたコリヤナギ(著者撮影)

に耐え、さらにドライアイスで約－70℃まで冷却しても生きていることを確認した。そこで、次のような考えが浮かんできた。耐凍度の高い細胞や組織を細胞外凍結で凍結脱水すると、やがて細胞内では凍結水がなくなる程度に濃縮が進む。この濃縮された組織は－196℃の液体窒素の温度に冷却しても、ガラス化して生きているのではないか[*63]。この考えを確かめるために、まずクワの枝の靭皮組織を異なる温度まで冷却し、異なる程度に凍結脱水させてから、液体窒素中で冷却してみた。その結果－30℃以下まで凍結脱水されてから液体窒素中で冷却された組織は、0℃の空中で融解してもすべての細胞が生きていた。しかし－15℃や－20℃から液体窒素の温度に冷却され、0℃の空中で融解された組織はかなり死んでいた。こうした結果から－30℃まで凍結脱水された細胞は、その後の急速冷却中にガラス化し、細胞内凍結を起こさず生きていたと考えられる。しかしクワの靭皮組織を用いた実験では、細胞単位での生存しか確かめられない。

そこで、ヤナギの冬の枝を用いて、同じ実験を試みた。ヤナギの冬の枝は生きていれば発根し、生長して個体になる。長さ一五センチメートルほどのコリヤナギの枝を−30℃まで冷却し、その温度に一晩おいて凍結脱水させたのち、液体窒素中に入れて急冷し、そのまま一日間おいた。その後0℃の空中で解かした枝は、温室で挿し木したところ発根し、正常に伸長した（図17）。この実験が、乾燥していない通常の植物を液体窒素温度に冷却し、個体に再生させた、世界で最初の実験であった。

また、同じ方法で、液体窒素中に一年間貯蔵しておいたオノエヤナギの枝も生きていて、発根、伸長した。[*84・85] さらに−30℃で凍結脱水されたコリヤナギとオノエヤナギの枝は、絶対零度に近い液体ヘリウム温度（約−269℃）まで冷却しても生きていた。[*87] 図18は、その枝から生長したオノエヤナギである。

図18　−30℃で凍結脱水後，液体ヘリウム(約−269℃)に冷却したのち，挿し木された枝から生長したオノエヤナギ(著者撮影，1983)．H：液体ヘリウムに冷却，N：液体窒素に冷却

こうした実験の結果を踏まえて、私は動植物の細胞や組織を凍結保

図19　−30℃まで予備凍結後，液体窒素中に1年間貯蔵されたリンゴの冬芽を台木に芽接ぎ，3カ月後の新梢の伸展．S：芽接ぎ部位(◎)から伸長した新梢，D：芽接ぎした台木*99

存する方法を開発した。*84・86 あらかじめ細胞内の水を約−30〜−40℃まで凍結脱水させたのち、液体窒素中に冷却し、ガラス化させて保存する予備凍結法である。この予備凍結法†は、動物や植物の凍結保存法に新しい道を開いた。

† 動植物の凍結保存法：耐凍性をもたない動物や植物の細胞および組織は、グリセリンやDMSO(ジメチルスルホキシド)などの凍害防御剤で処理して、あらかじめ−30〜−40℃程度までの耐凍性を高めてから、約−30〜−40℃まで温度を下げて凍結脱水させ、液体窒素中で凍結保存する。

図19は−30℃で凍結脱水後、一年間液体窒素に貯蔵しておいたリンゴの冬芽を室温で融解してから台木に芽接ぎし、そこから正常に伸長した新梢である。*84・99 アメリカにあるリンゴの遺伝資源貯蔵所(ニューヨーク州ジェネバ)では、現在、私たちの方法を改良し、約二〇〇〇系統のリンゴの冬芽を−150℃で長期保存しており、二〇〇五年までには最終目標の約二五〇〇系統が保存される予定である。なお五年間の貯蔵後の平均生存率は七五％である。

(2) アラスカにおける植物の生存最低温度への試み

一九五八年になってから、アラスカの北端、ポイントバローにある極地研究所で研究していたアラスカ大学の著名な生理生態学者ショランダーらが、植物の耐えられる最低温度を知るためにすでに実験を行っていた[*119]ことを知った。彼らは、アラスカ最北部の山岳地帯(最低気温約−60℃)で凍結して越冬しているハンノキとヤナギの枝を厳寒期に採集し、ガラス瓶に密封して、フェアバンクスにある極地生物学研究所に小型飛行機で運び、さらに、そこで採集したポプラ、シラカバ、ホワイト・スプリュースの枝とともに液体酸素(−183℃)中に投入し、そのまま一八時間保存した。その後、融解された枝は温室で水差しされたが、すべて凍死していた。しかし液体酸素に冷却しないで温室で水差ししておいた枝は正常に芽を開き伸長した。この実験から彼らは、アラスカ北部で越冬している木は、そこでさらされる−60℃程度の寒さには耐えるが、地球上の自然状態では経験できない−180℃以下の液体酸素や液体窒素の温度には生きられないと結論した。しかし前に説明したわれわれのヤナギの実験結果から推察すると、アラスカの実験で−183℃の液体酸素中に冷却された枝がすべて凍死したのは、ポイントバローで採集された枝をフェアバンクスへ運ぶ約一時間の飛行中に、魔法瓶中に置かれた枝の温度が−10℃以上に高まったためと思われる。もし液体酸素を現地に持ち込み、越冬中の枝を直接その中に投入して冷却していれば、これらの枝は確実に生きていたであろう。

(3)　−196℃に冷却された細胞の生存メカニズム

耐凍度が特別に高いオノエヤナギの冬の枝の場合は、−15℃以下−70℃までの異なる温度まで凍結脱水させてから液体窒素で冷却し、その後 0℃の空中で融解させても、すべての枝が生きていて伸長した(図20)。一般に、耐凍度の高い細胞ほど細胞の濃度が高いので、少し凍結脱水すれば、すなわち高い予備凍結温度から液体窒素に冷却しても生きていられる。

このように、特別に耐凍度が高い木の枝や芽が凍結脱水後、液体窒素温度で生きているのは、凍結脱水の結果、濃縮された細胞液が、液体窒素温度で冷却中にガラス化したためと考えられる。

アメリカのハーシュら[*30]は、−20℃で凍結脱水後、液体窒素で冷却したポプラの枝の細胞内を電子顕微鏡で観察し、氷晶が存在しないことを確認した。そこで、その細胞のガラス転移温度を測定したところ、約−28℃であった。こうして、−20℃で予備凍結後、液体窒素で冷却された細胞はガラス化していたことが明らかとなった。

なおガラス化した細胞では、さらに温度を下げても、また下げた温度にどんなに長く置いても脱水が進まないために、液体窒素温度で長く生かしておくことができる。

したがってハーシュら[*30]は、−30℃以下の厳寒地で越冬している特別に耐凍度の高い植物は、凍結脱水され細胞の濃度が高くなっているため、ガラス転移温度以下に冷やされるとガラス化しやすいと推察した。そして細胞のガラス化現象は、厳寒の地を生き抜く植物の一つの越冬メカニズムで

図20　オノエヤナギの冬の枝を各温度で凍結脱水後，液体窒素に冷却したのち，0°C の空中で融解し温室で挿し木した後の伸長＊84

あると考えた。

(4)　凍結脱水時の残存水分量

ヤナギやシラカバなど−70°C までの緩速凍結に耐える、特別に耐凍度が高い冬の枝を凍結脱水(約一六時間)したときの細胞内の残存水分量(生重量)が、ロシアで精密な熱量計を用いて測定されている。それによると、−10°C で凍結脱水された枝の残存含水量(生重量当たり)は約二四%、−15°C で約二〇%、−30°C で約一五%、−70°C で約八%であった。厳寒期の耐凍度が最も高いオノエヤナギの枝は、図19に示したように、−15°C 以下の温度で凍結脱水してから液体窒素で冷却した後、0°C の空中で緩慢に解かしてもすべて生きていた。したがって−15°C で凍結脱水された枝の細胞内に残存する約二〇%の水は、液体窒素温度で冷却中にガラス化したものと考えられる。

6　温帯植物の低温馴化《じゅんか》と耐凍度の高まり

(1)　温帯植物と熱帯植物の違い

熱帯の標高約一〇〇〇メートル以下の低地では、年間を通じて日中は約25℃以上の高い温度が維持され、夜間の最低温度も20℃以下には下がらない。こうした温度環境で生育する熱帯の植物や作物のなかには、0～13℃の冷温にある時間以上さらされると回復できない冷温傷害を受けるものが多い。たとえば図21は、三年生のコーヒー苗(アラビカ種)を1℃に三六時間さらした場合の冷温傷害(黒い部位)を示している。被害の著しい部位は、根、成熟した葉、茎の形成層、頂芽、側芽、種子中の胚など重要な組織、器官で、常温に戻しても回復はできない。この冷温傷害を受ける温度や時間は植物の種類や生育温度環境によってかなり異なっている。熱帯では標高約二〇〇〇メートルを境にして、それ以上には冷温耐性植物が、それ以下には冷温に敏感な植物が分布する。

それに対して温帯、亜寒帯など、成育に適さない長く寒い冬があり、気温が氷点下に下がる地域に分布する植物は、生活に不適当な冬の期間を休眠で過ごし、また氷点下の温度でも生きられる耐寒能力を獲得している。たとえば札幌（一月平均気温約－5℃）に自生する温帯植物は、夏の生長期間には約20℃の平均気温で活発に生長し、冬の休止期には約－5℃の平均気温（日平均最低気温約－9℃）で生きている。この夏と冬の平均気温の差は約25℃にもなる。こうした地域に生きる温帯植物は、夏から冬への移ろいとともに細胞の構造や機能を大きく変化させる。生長状態から休止状態へと移行し、また高温下で機能する生理作用から低温下で機能する生理作用へと変わってゆくのである。こうした変化を遂げることによって初めて植物は高い耐寒能力を発揮できる。温帯や亜寒帯植物が夏から冬にかけて行う、このような一連の体の作り変えを低温馴化 cold acclimation と呼んでいる。そして春には逆に休止状態から生長状態に体を作り変える。熱帯植物にはない、こうした低温馴化能を獲得することによって、温帯や亜寒帯植物は生存可能温度範囲を著しく広げ分布域を拡大した。しかしその代償として、短い生育期間に適応するため、生長量をかなり犠牲にしたほか、ある程度の低温が存在しないところでは生活できなくなった。

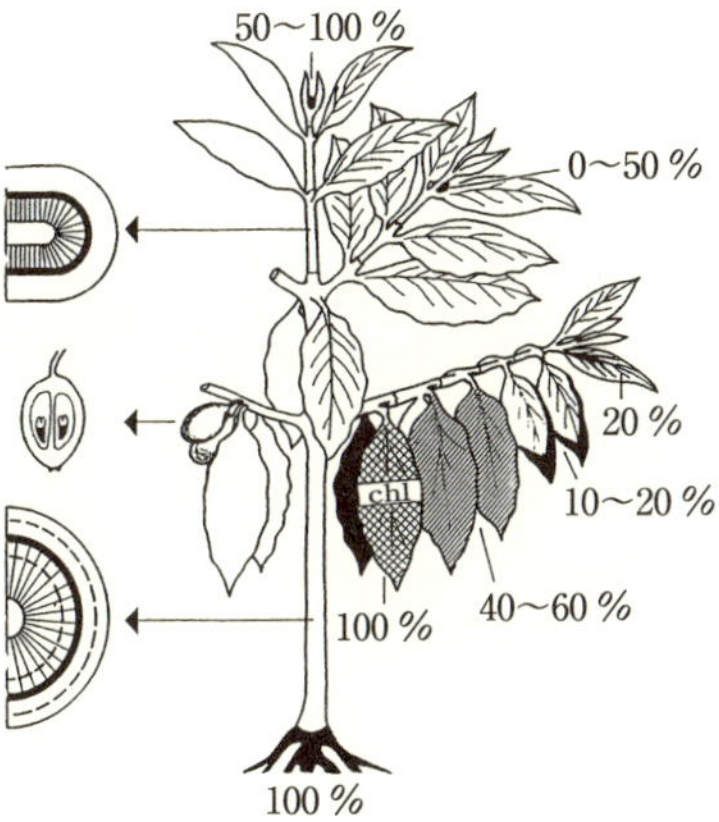

図21　3年生のコーヒーの苗を1℃に36時間さらした後の冷温傷害．黒い部位が傷害部位，％は傷害の割合を示す＊109

(2)　温帯落葉樹の低温馴化

i　温帯落葉樹の日長休眠

温帯や亜寒帯では、夏から秋にかけて日照時間（日長、図22）や温度などが著しく変わる。日照時間が短くなると、その情報が葉の細胞にあるファイトクロームという色素タンパク質で受容され、生長抑制物質のアブシジン酸（ABA）が合成される。アブシジン酸の作用で植物は伸長を止め、冬芽を作り休眠に入る。低温馴化の最初の段階は、この伸長停止と休眠導入である。植物が温帯や亜寒帯などで生活するためには、危険な寒さが訪れる前にタイミングよく伸長を止め、冬芽を作り、冬支度に入ることが必要である。

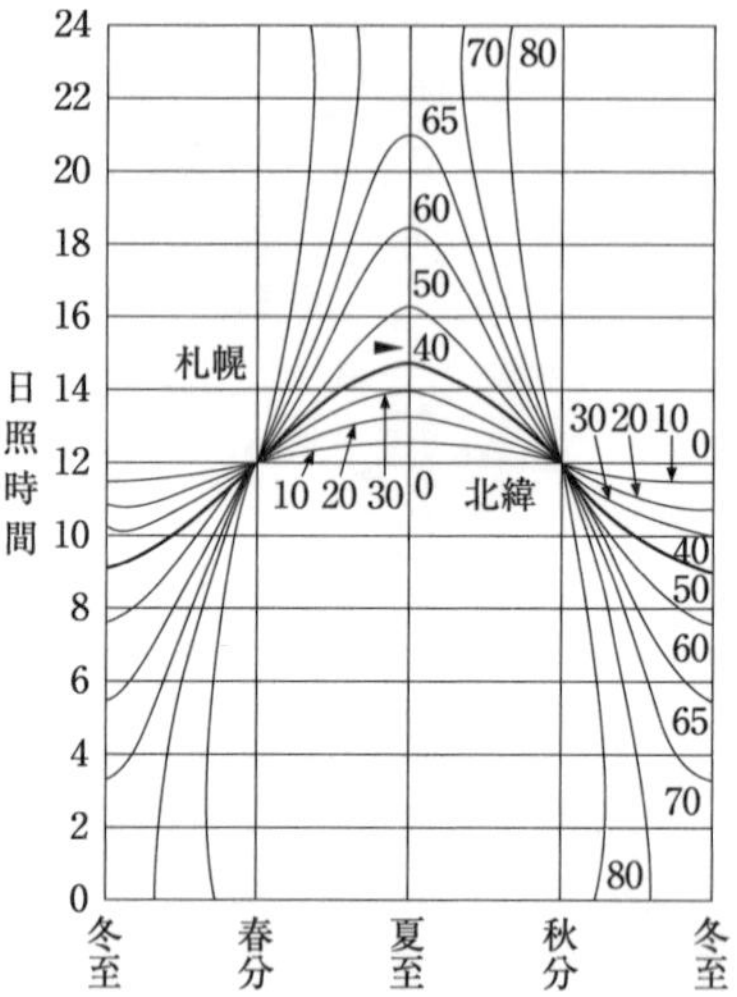

図22　緯度の異なる地球上各地の自然日長の変化．札幌：北緯約43度，ヤクーツク：北緯約62度

北アメリカの西海岸を、北はアラスカのアンカレッジ（北緯約六二度）から南はカリフォルニア（北緯三三度）まで、南北に広く分布するポプラ（図23、左、*Populus trichocarpa*）がある。異なる場所に自生するこのポプラから挿し木苗を作り、ボストン郊外の研究所に植えて伸長停止時期が調べ

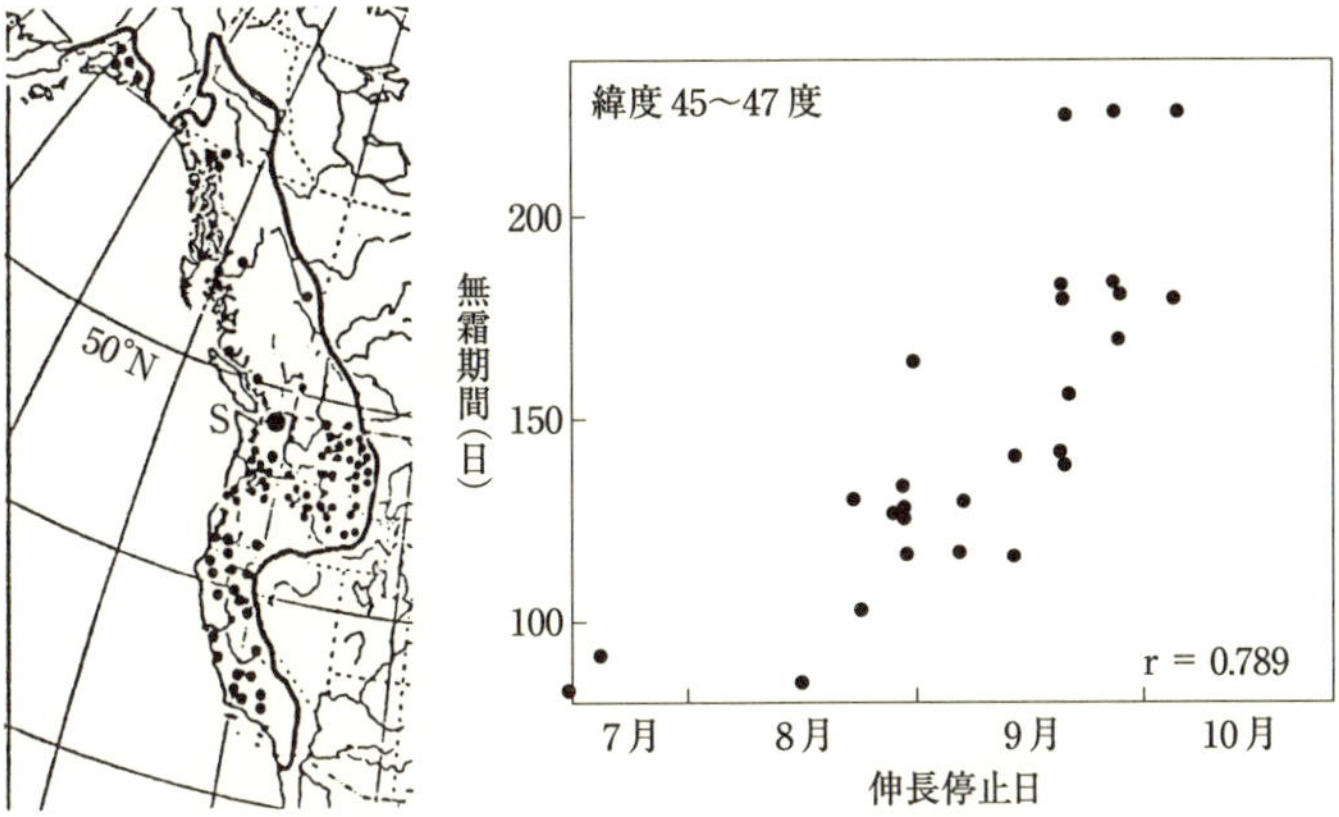

図 23　左：アメリカ西海岸のポプラ(*Populus trichocarpa*)の分布．S：シアトル(北緯 47 度 36 分)．右：北緯 45～47 度の地域に分布するポプラの伸長停止時期と緯度との関係[*77]

られた[*77]。その結果、一般に高緯度のものほど伸長停止時期が早く、低緯度のものほど遅い傾向が認められた。しかし中緯度(北緯四五~四七度、ワシントン州南部からオレゴン州北部)に分布するポプラでは、緯度がほぼ同じでも、伸長停止時期が二カ月間にわたり異なっていた。この緯度内では、ポプラは海岸地帯から内陸山岳地帯まで、地形や気象条件がかなり異なるところに分布している。そこで、この緯度内のポプラについて、伸長を停止し冬芽を作る時期と無霜期間(生育期間)の長さとの関係が調べられた。図23、右に示すように、生育期間が短い、内陸部の山岳地帯のものは早く伸長を止め、冬芽を作る。それに対して秋の冷え込みが遅い、生育期間の長い海岸地帯のものは、伸長停止が遅い。このように同種植物でも、生活する気候や地形の条件に合わせ、自生地の冬の冷え込みに対応してタイミングよく伸長を止めるように、伸長停止の日照時間が遺伝的にほぼ決められている。なお、伸長停止には日照時間のほかに、夜間の冷え込みも補償的に働いている。すなわち、夜間の冷え込みによって生長抑制ホルモンが合成され、伸長を止めるように働く。

ヨーロッパに広く自生するヨーロッパトウヒが伸長を停止し冬芽を作る限界日長は、ノルウェーの北緯七四度のものでは二一時間で、時期は七月中旬である。北緯五八度のものは八月初めに一八時間日長で伸長を止め、自生地の最南端である北緯四七度のオーストリアに分布するものは、八月中頃一五時間日長で伸長を止める。また同じ緯度に分布するものでも、標高が高まるにつれ限界日長は長くなる。すなわち早く伸長を止めることになる。興味深いのは、北極圏では八月中頃まで白夜で、二四時間日長であるが、極地植物は八月中頃にすでに伸長を止めている。こうした高緯度極地圏のツンドラ植物の伸長停止は日長ではなく、夜間の冷え込みで誘導されることが明らかにされている。

ii　低温馴化と物質の変化

温帯や亜寒帯植物のように、冬に低温下で長い休止期を過ごす植物は、冬に先立って越冬中および春の生長に必要な物質を蓄えるほか、冬の寒さや乾燥に耐えられる耐性を作ることが必要である。まず秋に伸長停止に伴って体内にデンプンが大量に蓄積される(図24)。また秋から冬にかけてリボ核酸(RNA)やタンパク質が活発に合成され、夏の生長期から冬の休止期への代謝様式の転換が進み[*82・83]、低温下での糖の合成と蓄積、生体膜の変化(リン脂質の増加とその構成脂質の不飽和化)[*135・136・137]、さらに過酸化物の分解能[*62]の高まりなどが起こる。一方、細胞の構造も低温馴化中に大きく変わる。すなわち生長期には、細胞質が少なく、細胞の容積の大部分が液胞で占められる状態を維持し、冬には細胞質と核質で満たされ、液胞が小胞化した状態に変わる。さらに細胞の超微細構造も変化する。*[24・25]

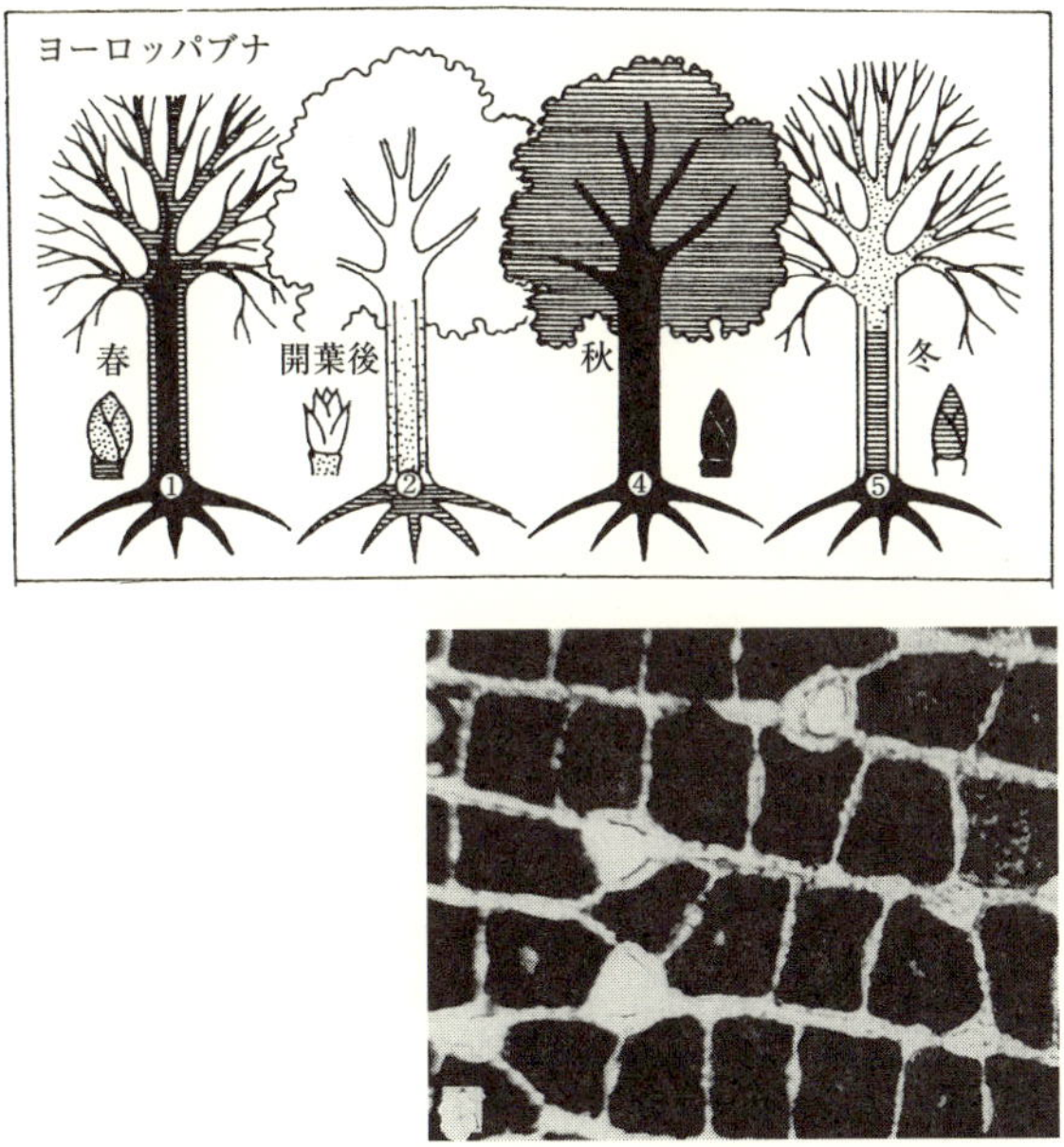

図 24　上：ヨーロッパブナにおけるデンプンの蓄積の季節変化．秋の落葉前にデンプン(黒色部位)が蓄積する．冬には低温下でデンプンが糖に変化し，春の開葉前に再びデンプンが増大する．下：9 月下旬，クワの枝の韌皮細胞に蓄積したデンプン(著者撮影)

こうした一連の変化を遂げて、冬の細胞は強度の凍結脱水や機械的ストレスにも耐えられるようになる。この低温馴化の過程で特に際だった現象は、耐凍度と細胞の浸透濃度および糖の含量の季節変化である(図25)。秋に二週間0℃にさらすと(図25、H)、糖の含量や浸透濃度が著しく高まり、それに対応して耐凍度が高まる。早春になると糖の含量や耐凍度が低下するが、低温にさらすとこれらが再び著しく高まる。

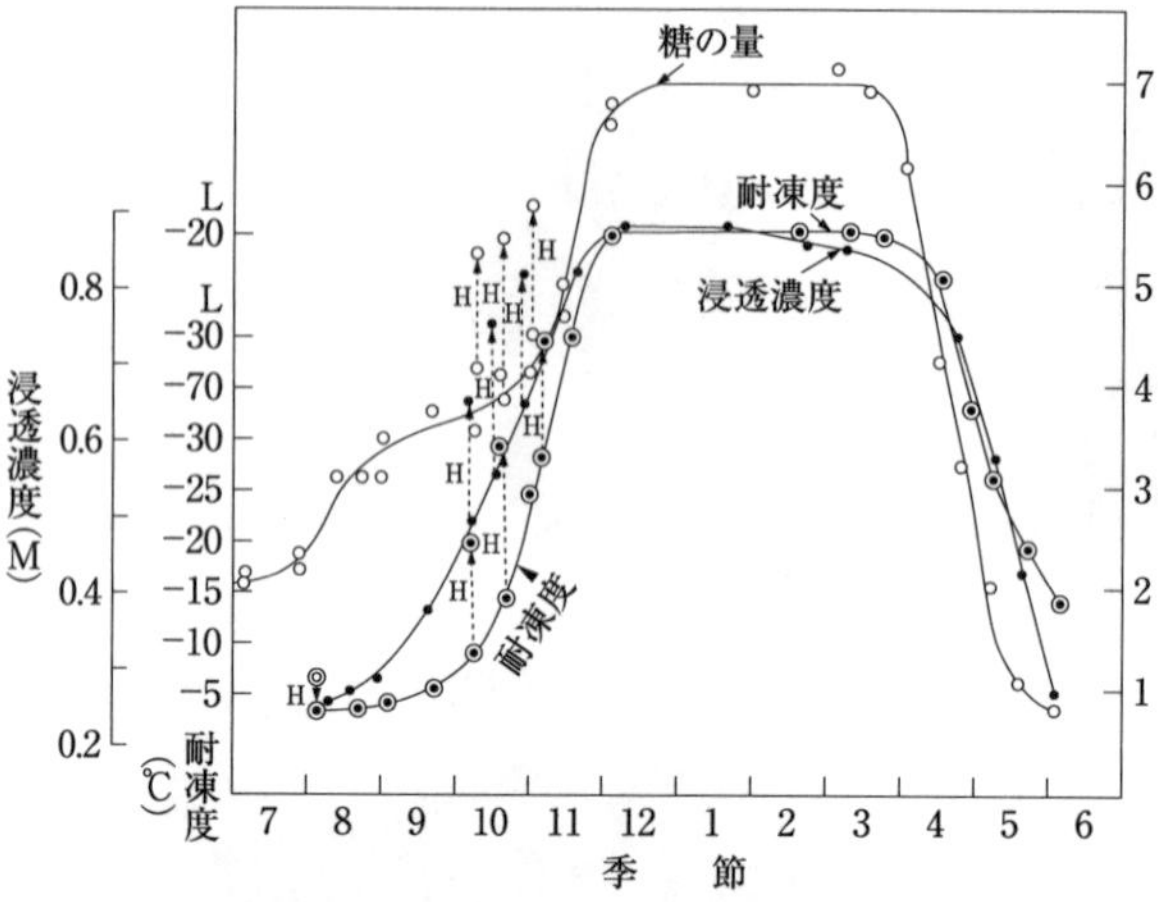

図 25　ニセアカシアの靭皮組織における耐凍度，糖の量と細胞の浸透濃度の季節変化．浸透濃度は平衡塩濃度で，耐凍度は害なく耐える最低温度で表した．なお，−20°C L，あるいは−30°C L はそれぞれ−20°C，あるいは−30°C から液体窒素に入れたことを示す．H：0°C で 2 週間処理＊134

植物が外界の環境変化に適応して長い間に獲得した知恵は、結局、遺伝子の中に情報としてつめ込まれ、伝えられてきた。一連の低温馴化の複雑な過程には非常に多くの遺伝子が関与しているが、それらの遺伝子の同定、発現の条件や関与するタンパク質の機能などの解明が今後の重要な課題である。

iii　越冬植物の水分喪失防止作戦

積雪のないところで越冬中の草本植物や常緑広葉樹や針葉樹は、乾燥した風や日射にさらされるため水が奪われやすい。ことに土壌が凍結し、根から地上部に水が十分に供給されない状態では、越冬中の植物は水収支のバランスを失い乾燥害を受ける。そのため越冬植物は低温馴化の過程で、体の表面からの水分喪失を防ぐ体制を作り上げる。常緑葉は冬季に気孔を閉じるほか、葉の表面のクチクラ層を発達させて葉の表面からの蒸散量を夏の三分の一から四分の一に抑える。針葉樹の葉は、表面のクチクラ層を発達させクチクラ蒸散を抑え、さらに気孔を閉じ、その上を樹脂で固める。広葉樹の越冬芽は、多くのりん片や托葉などで何層にも包み込まれ、その表面はさらにヤニや樹脂などで覆われる。広葉樹の若い枝も表面をパラフィン層やコルク層で覆い、枝の表面からの水分喪失を防ぐ。低温馴化の過程で体内の細胞、組織、器官の耐凍度を高めてそれぞれの脱水耐性を高めるほか、このように体表面からの水分の喪失を防ぐ仕組みも作り上げる。

(3)　暖帯常緑樹の低温休眠と生き残り作戦

日本列島の亜熱帯植生の北限は沖縄本島の北に位置する奄美大島で、この島の名瀬は北緯二八度（一月の平均気温約14℃）で無霜地帯である。奄美大島より北に位置する屋久島や種子島の一月の平均気温は約10℃で、両島の海岸付近も無霜地帯である。それに対して鹿児島の一月の平均気温は6.7℃、日最低気温の平均は2℃で、気温がたえず氷点下に下がる。タブ、クスノキ、アラカシなどの常緑広葉樹が、凍結の危険のない地域（奄美大島、沖縄本島、八重山諸島）から九州南端以北の凍結の危険を伴う地域に分布を拡大する場合に、冬芽の休眠と耐凍性の獲得が生き残り機構として重要である。このことは、万木と永田の研究[*73・140]で明らかになった。なお、これらの常緑広葉樹の冬芽の休眠は、落葉広葉樹と異なり、短日条件ではなく、13℃以下の低温にさらされるという条件のもとで起こる。また休眠の期間は自生地の冬の寒さによって異なり、寒さが厳しいところのものほど休眠期間が長い。そしてこの休眠は、落葉樹と同じように、ある期間、低温にさらされて初めて解除される。

奄美大島以南のタブノキには休眠がなく、耐凍性もない。このタブノキを三重の津で越冬させたところ、一一月下旬（平均気温11.7℃）に開芽し伸長を始め、その後の降霜で凍死した。それに対して鹿児島、津、千葉、岩手を自生地とするタブノキは、いずれも津では一一月初め休眠に入る。すなわち開芽の要求温度が高くなり、自然状態では秋に開芽できなくなり、翌春に開芽した。

暖帯常緑樹のほか、暖帯性の落葉樹やスギ科の針葉樹の多くは、一般に約13℃以下の冷温で伸長を停止し休眠に入るが、冷温帯や亜寒帯の落葉樹や針葉樹はすでに説明したように短日下で伸長を止め休眠に入る。

(4)　雪解け時期の違いに対する高山植物の適応

グローバルな地理的な季節変化のほかに、高山帯に生きる高山植物は、雪解け時期の違いに対して、生育形や、開花、結実、種子散布時期などを変化させて適応している。[*58・59・60] 大雪山の風衝地では六月上旬に雪が解け一二〇日の生育期間があるが、凹地に雪が残る雪田では雪が解けるのは八月中頃で、生育期間は五〇日しかない。こうした雪田では、コケとわずかなイネ科植物しか生活できない。このように、高山帯では雪が解ける時期によって生育期間が著しく異なるため、生育する植物の種類は、雪解け時期の早いものから順に次のように変わる。地衣、常緑および落葉矮小木、多年生草本、イネ科草本、コケ。またそれぞれの植物は雪解けの時期のわずかな違いに対応して、開花時期、個体当たりの花の数、蜜の量を変えたり、種子の散布時期をずらして発芽要求温度を変えたりしている。このようにして、繁殖の成功度を高めたり実生の生き残りを図ったりしているのである。雪解け時期の違いという自然のバランスの変化が生物の生活を大きく変え、さらには新たな種間関係を生み出す原動力になっていることは、まことに興味深い。[*59]

(5) 植物の耐凍度

一九六〇年以前には、外国でも国内でも、栽培植物の耐凍度はある程度は調べられていたが、自生植物の耐凍度はほとんど調べられていなかった。そこで私は、地球上の主要な植物の耐凍度を知るために、日本国内、北アメリカ大陸、南半球、ヒマラヤなどに自生する常緑と落葉広葉樹、針葉樹(約二五〇種)、高山植物のほか、主な花木(ことにシャクナゲ属、ツバキ属、バラ)、球根類などの耐凍度を自分で測定することにした。これには約二〇年の年月を要した。こうした包括的な調査によって、地球規模での自生植物の耐凍度が初めて明らかになった。

耐凍度は種類によって、また同一植物では地域ごとに、ほぼ遺伝的に決められているが、0℃以下の低温、ことに－3～－5℃の低温にある期間さらさないと十分には高まらない。したがって暖地に生育している植物を採集し、耐凍度を測ると、生育地の寒さによって発現している耐凍度はわ

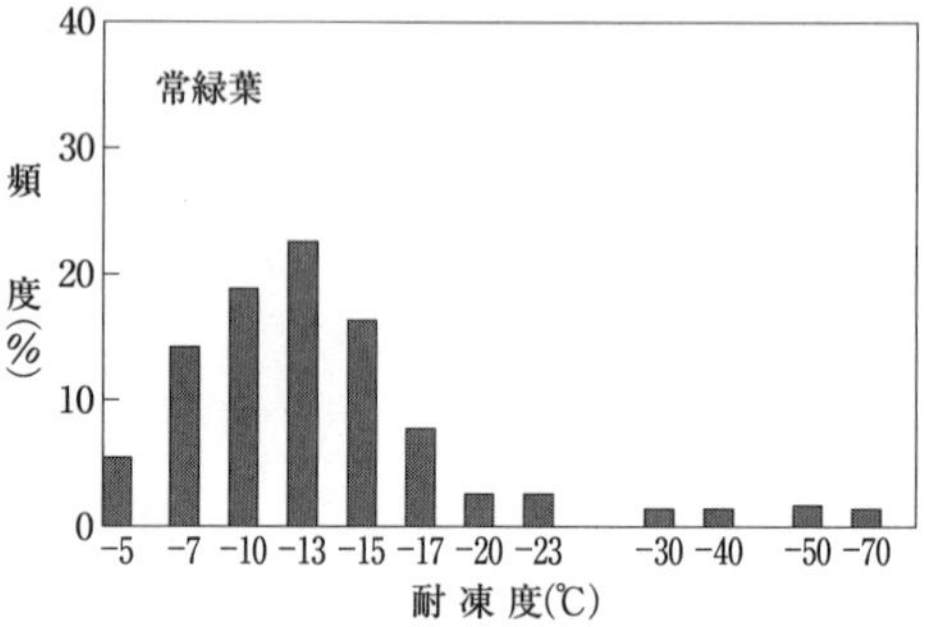

図26　世界の暖帯に分布する常緑広葉樹の葉の耐凍度の頻度分布[*102]

かるが、その種がもっている最高の耐凍度はわからない。それを知るためには、冬に採集した植物を０～－３℃に約二週間以上さらし耐凍度を十分に高めてから測定するか、寒冷地に植えて冬に耐凍度を測ることが必要である。

ｉ　常緑広葉樹の葉の耐凍度と弱点

世界の暖帯に分布するおもな常緑広葉樹九〇種の葉の耐凍度の頻度分布を図26に示す。これら暖帯常緑高木の葉は耐凍度－7～－15℃のものが多く、－20～－25℃の常緑葉はツバキ、マサキ、アオキ、ヒメアオキなどの灌木に限られる。さらに－30℃以下の耐凍度をもつ常緑葉は、温帯の山地の林床に自生するシャクナゲに限られる。こうした事実から常緑広葉樹（高木）の分布域が、土壌が凍結しない、冬の寒さが厳しくない暖帯に制限されている理由は、常緑葉、芽、枝の形成層の耐凍性および常緑葉の冬の乾燥耐性が、ある限度を越えられないためと考えられる。

ii　日本に自生する暖帯常緑樹と温帯落葉樹の耐凍度

日本列島に分布する暖帯常緑樹と温帯落葉樹の耐凍度を比較してみる。[*95・97] 図27に日本に分布する常緑樹と落葉樹、各七三種の冬の枝の靭皮組織（枝の肥大にとって最も重要な形成層を含む）の耐凍度

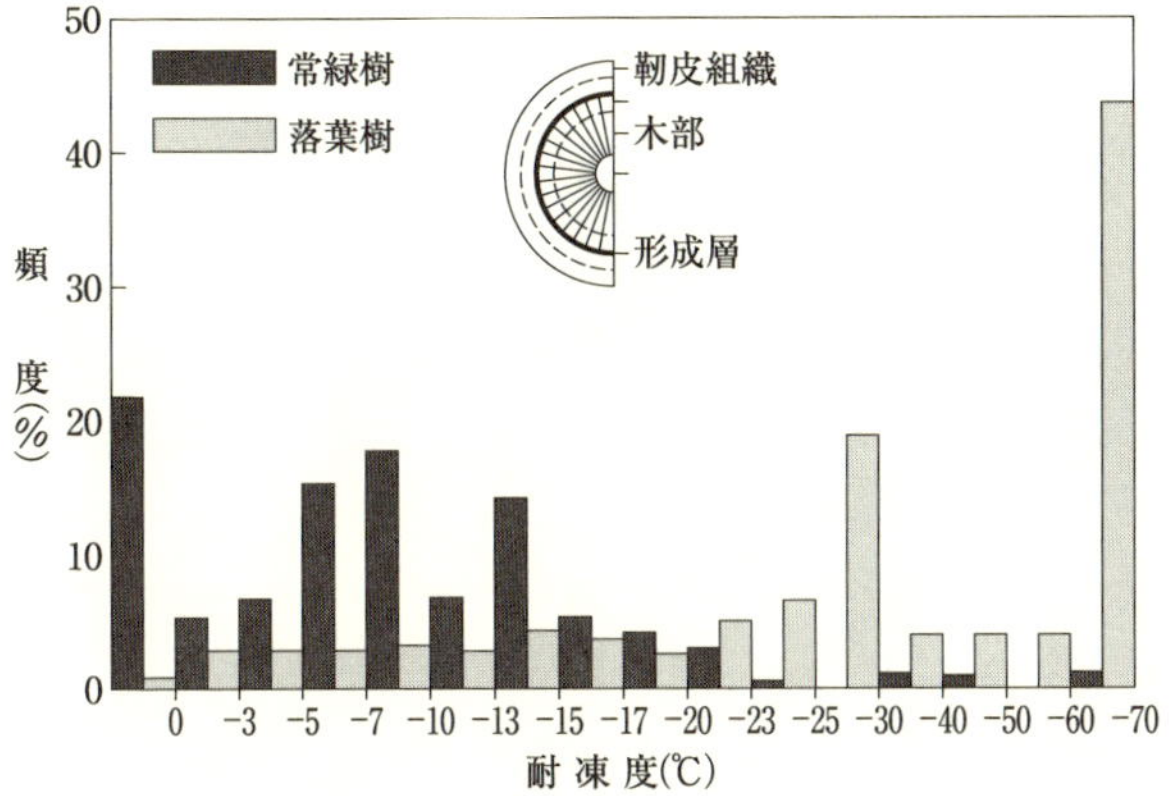

図 27　日本に分布する常緑広葉樹と落葉広葉樹，各 73 種の冬の枝の靭皮組織(形成層を含む)の耐凍度の頻度分布．いずれも十分寒さにさらしてから測定＊102

の頻度分布を示す。熱帯アジアから沖縄本島周辺まで北上しているガジュマルなどの亜熱帯性常緑樹は、屋久島や種子島の低地の無霜地帯を北限とし、ほとんど耐凍性をもたない。わが国の常緑広葉樹の代表的な樹種はクスノキ、アラカシ、アカガシ、シイ、ツバキ、タブノキなどで、おもに鹿児島県から太平洋沿岸暖地を茨城県まで北上し、また日本海沿岸では東北地方南部の沿海暖地(最寒月の平均気温が1〜2℃)を北限とするものが多い。これらは葉も枝も−10〜−13℃程度の耐凍度しかもたないものが多い。

それに対して、本州の内陸部の山岳地帯や東北地方、北海道に広く分布するブナ、ミズナラ、ケヤキなどの落葉広葉樹は、冬の寒さや乾燥した気候に対応して、耐凍度は常緑広葉樹より格段に高い。北限が本州北端にあるケヤキやクヌギ、道南地方まで分布するブナなどは−30℃前後の耐凍度をもつ。しかし同じ落葉樹でも、ムクノキ、ナンキンハゼ、サルスベリなど暖帯にのみ分布する落葉樹は、常緑樹と同じ程度(－7～－15℃)の耐凍度しかもたない。

温帯落葉広葉樹のうち、北海道からさらにサハリン、沿海州や中国東北地区にまで分布を広げるダケカバ、シラカバ、ミズナラ、ヤチダモ、ヒロハノキハダ、センノキなどの耐凍度はさらに高く、枝の靭皮組織は－70℃以下に、芽は－40～－50℃に耐えるものが多い。こういった樹の木部の放射柔組織(I－5参照)は－30～－40℃の過冷却に耐えるのが限度であるが、ヤナギ、ポプラ、シラカバの仲間だけは－70℃までの過冷却に耐える(最近の藤川たちの研究による)。[*92・94] これらの温帯落葉広葉樹は、東シベリアやアラスカで亜寒帯針葉樹と混交林を作っている。

なお北海道に自生する針葉樹の芽の耐凍度については、[*106] すでに器官外凍結に関連して説明したが、葉や茎の耐凍度は高く、三～四年生の幼木の鉢植え苗を－30℃の低温室に一カ月間置いたところ、根もまったく正常であった。

iii　草本類の耐凍度

札幌付近に生育している落葉樹と比較するために一八種類の草本類、たとえばオオバコ、ヘラオオバコ、セイヨウタンポポ、エゾノギシギシ、スズメノカタビラなどについて厳寒期に耐凍度を調べた。その結果、多くが、葉は－10～－15℃、根は－5～－7℃程度の耐凍度をもっていた。積雪下で越冬するこれらの植物にとっては、この程度の耐凍度で十分であろう。

海岸の吹きさらしのところで越冬するハマボウフウやハマニンニクの地下茎は－15℃の凍結に

も耐えた。[*74] また厳しい寒さに直接さらされる樹上や崖などに生育するシダは、林床の積雪下で越冬するシダと比べて耐凍度が著しく高く、−20℃以下に耐えた。[*117]

iv　高山植物の耐凍度

大雪山では、ふつう九月中旬に初雪がある。ちょうどウラシマツツジなどの紅葉が盛りとなり、最も美しい季節である。その後、氷点下の気温が多くなり、一〇月以降は月平均気温が氷点下になる。一般に高山地帯では、九〜一〇月の初冬に、積雪が少ない状態で強く冷え込むため、土壌が深くまで凍結し、地温が著しく低下する。その一〇月中頃、多くの高山植物の葉や茎は−30℃以下、地下組織は−20℃以下の凍結に耐えている。われわれは、大雪山の黒岳石室近くの平坦な風衝地に生育する高山植物、ミネズオウ、イワウメ、コケモモ、クロマメノキ、ウラシマツツジ、クモマユキノシタ、エゾマメヤナギなどの耐凍度を測定したが、葉は−50℃以下、茎は−30℃以下、地下部の組織も−25℃に耐えるものが多かった。図28はヨーロッパアルプスで越冬するミネズオウの夏と冬の耐凍度を示す。

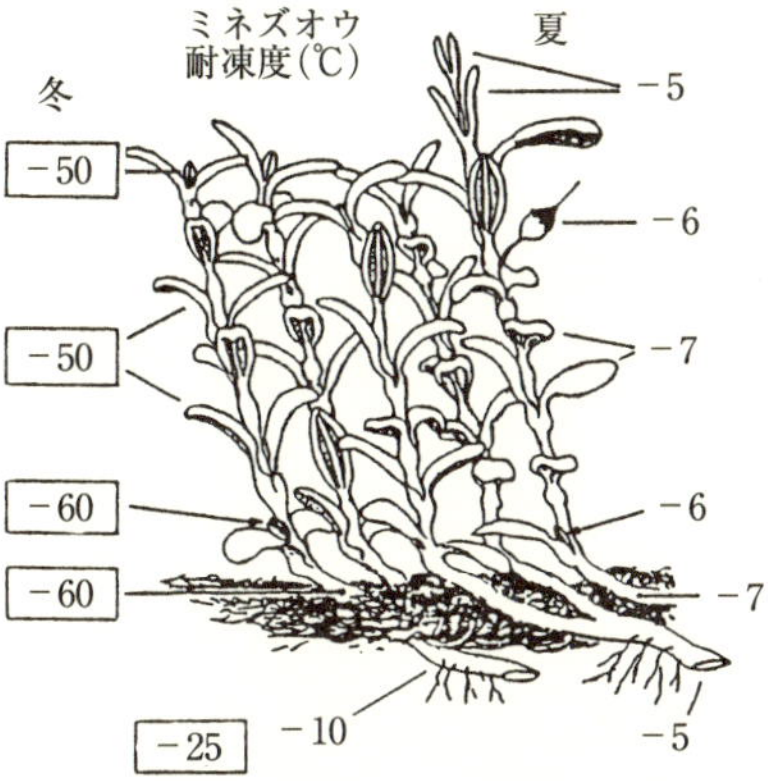

図28　ヨーロッパアルプスの風衝地のミネズオウの夏と冬の耐凍度[*109]

7　植物の越冬耐性はどのようにして高まるか

植物の環境に対する適応を研究するには、アプローチの仕方が二通りある。生育環境に対して細胞、組織や個体がどのように対応、適応しているかを調べる生理学的立場と、ときには個体を犠牲にしながら、どのように集団の遺伝的素質を変えて生育環境に適応するかを調べる生態遺伝学的立場である。後者の研究では、異なる環境に生育する同一種の地域集団から、多量の種子や枝(接ぎ穂)を採り、それらから実生苗や接ぎ木苗(親と同じクローン)を養成し、同一場所に一定の方法で植えて、生育環境の違いによって同一種内の地域集団間に、どのような環境適応能力の差が存在するかを明らかにしようとする。

(1)　トドマツの耐凍度の種内変異

多くの植物で、寒さが厳しい場所に自生している植物ほど耐凍性が高いことが知られている。また異なる気候帯に分布する同一種植物では、寒さの程度に対応した耐凍度の変異が見られる。これらのことは、自然淘汰のなかで耐凍性の高い植物が進化してきたのには、冬の寒さが重要な役割を果たした可能性が高いことを示唆している。このことを異なる高度に生育するトドマツについて見てみよう。

異なる高度に自生するトドマツの耐凍度の変異を知るために、栄花[*16]は北海道大雪山系の標高二五〇メートルから一二〇〇メートルまでの異なる高地の天然林から五一本を選び、種子を採集した。また同様に、天然の生長のよい八〇本の優良木(エリート)を選び、その枝から一二〇〇本の接ぎ木苗を作った。これらの実生苗(五七〇〇本)と接ぎ木苗は、札幌郊外の林木育種場で同一条件のもとで育てられた。七年後に枝を採集し、－43℃の同一温度で凍結させて、芽の被害程度を比較した。そして凍害の程度を〇(無害)から五までの五区分で表し、その平均値を凍害指数とした。凍害指数では、数字の減少は凍害の減少、すなわち耐凍度の高まりを示す。

ここでは接ぎ木苗のクローンの結果を示す。図29、上に示すように、標高が最も低い三一一メートルの集団では、凍害指数の低い個体、すなわち耐凍度の高い個体は見当たらないが、約四〇〇〜五五〇メートルの中高度の集団では、凍害指数は正規分布を示した。さらに高度が増すにつれて、耐凍度の低い個体の割合が減少し、耐凍度の高い個体の割合が増加した。また図29、下に示すように、高度が増すにつれて凍害指数(F)が減少し、それにつれて個体間の分散(ばらつき、V)も減少した。なお現地では高度が増すにつれて気温が低下することが観測されている。つまり、高度が増し、寒さが厳しくなるにつれて、集団の平均耐凍度が高まるが、これは各集団内の耐凍度の低い個体の割合が減少し、耐凍度の高い個体の割合が増加したことを示している。[*17] こうして、冬の寒さが及ぼす自然淘汰圧によって、長い年月の間に集団ごとの耐凍度が決められるのである。

また栄花は、北海道内六カ所のトドマツ天然林から採集した種の実生苗と、接ぎ木苗から養成された苗を用いて、耐凍度の地域差を調べた。[*16] その結果、日本海沿岸の多雪地帯で、冷え込みの少ない地域のトドマツの耐凍度は正規分布を示した。すなわち寒さによる淘汰がまだ十分に進んでいないことが明らかとなった。しかし道東の積雪が少なく、冷え込みが厳しい地域のトドマツでは、耐

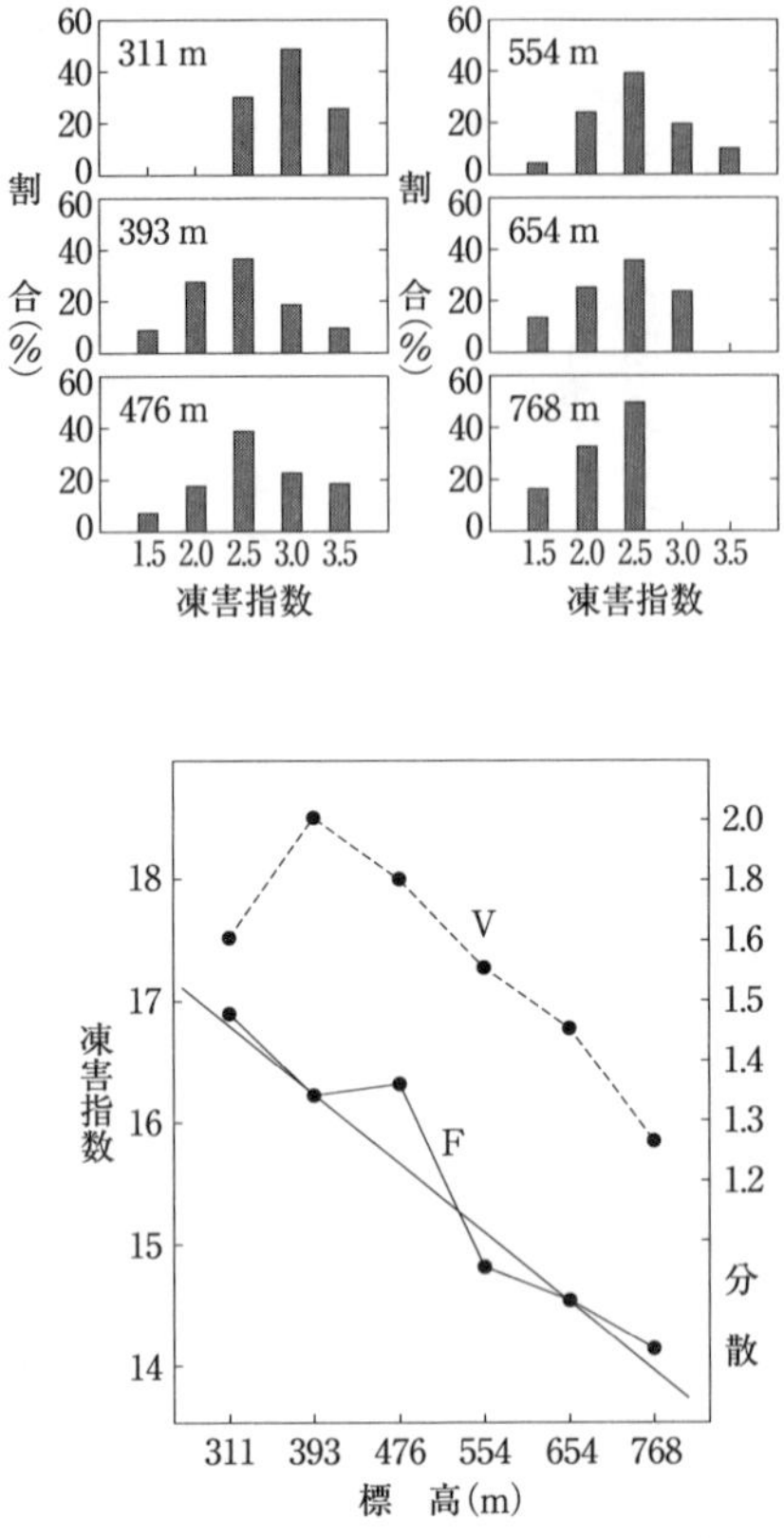

図 29　大雪山系のトドマツのエリート樹からのクローンの凍害指数と分散値の高度変化*17．上：高度別の凍害指数の割合，下：凍害指数と分散値の高度変化．F：凍害指数，V：分散値．凍結温度：－43°C

凍度の低い個体の割合が減少し、耐凍度の高い個体の割合が高まり、L型分布を示した。後出の図31には各地のトドマツの平均耐凍度が示されている。

(2)　北海道の天然トドマツ林の越冬耐性の違い

北海道の気候は、その中央部を南北に走る中央脊梁山脈を境にして、おおまかに、西側の日本海沿岸およびその内陸部の多雪地帯と、東側の太平洋沿岸や道東の少雪、土壌凍結地帯に分けられる。畠山[*28]と栄花[*16]は北海道の異なる地域に成立した天然のトドマツ林について、集団遺伝学的な調査を行った。すなわち、現在のトドマツの冬の生育環境（積雪量、積雪期間、氷点下の温度の積算である積算寒度、土壌凍結、夏の生育期間など）の違いが、トドマツの越冬形質にどのような産地間差を作り出しているかを調べた。

一二産地（図30）のトドマツの接ぎ木クローンを多雪地、美唄の道立林業試験場に植えて、雪害（雪折れ）を調べた。その結果、道東の少雪地のトドマツでは雪害が大きかったが、多雪地の北海道西部のトドマツでは被害がほとんどなかった（図31、4参照）。また、土壌凍結による枝葉の乾燥被害について道東の厚岸で調べたところ、雪害とは逆に道東の太平洋岸の少雪地のトドマツでは被害が少なく、日本海沿岸の多雪地のものでは被害が大きかった。[*28] 図31に、トドマツの六つの形質について栄花が調べた結果を示した。これらの結果から、多雪な日本海沿岸やその内陸部のトドマツは、雪害耐性、雪腐れ病耐性、耐鼠食害性は高い（積雪期間の長さに対応して耐性が増加）が、耐凍性や

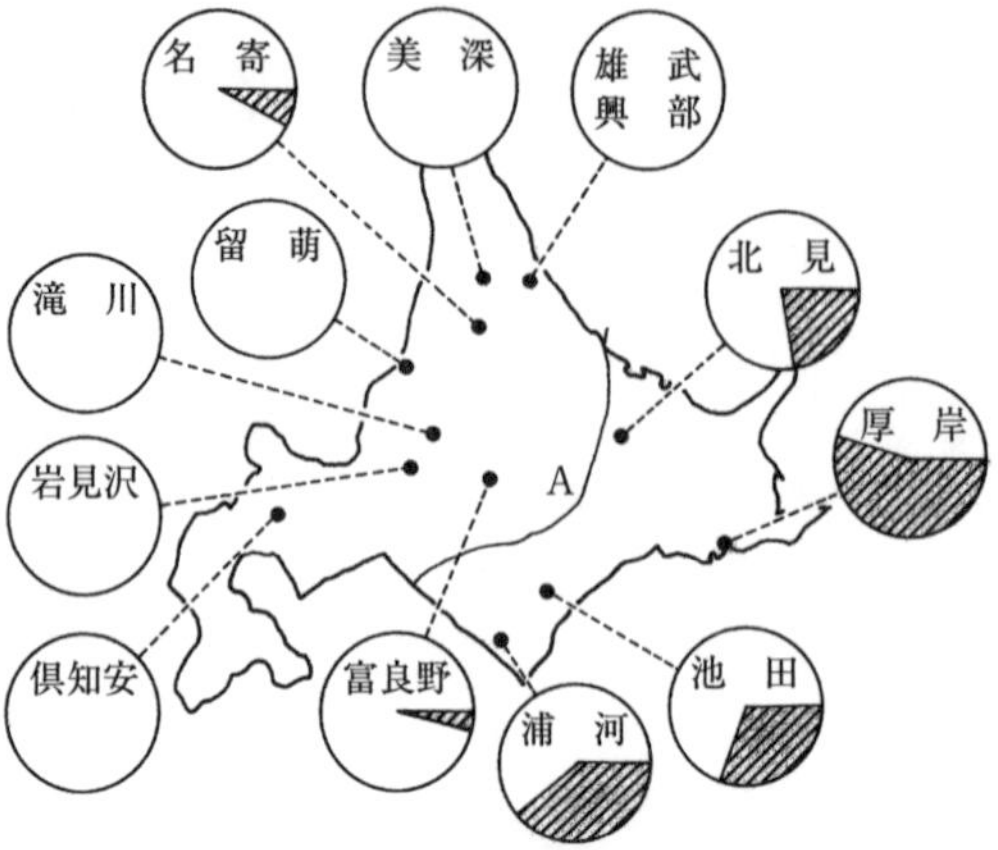

図 30　北海道のトドマツの雪害率の産地間差*28．接ぎ木クローン苗を美唄に植えて調査．円内の斜線は被害率．A：多雪地帯と少雪地帯を分ける境界線

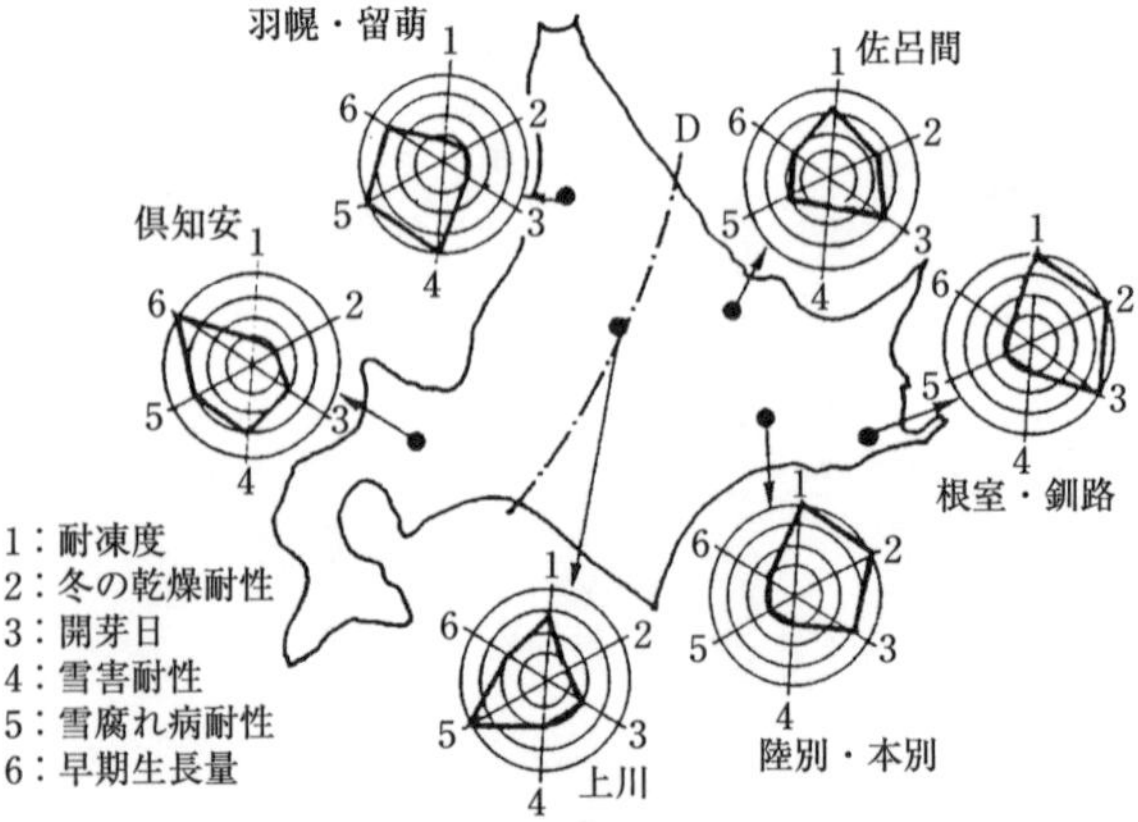

図 31　北海道のトドマツの気象環境の違いによる越冬耐性の生態的変異*16．円の中心から外に向かうにつれて，耐性の増加，開芽の遅れ，生長量の増加を示す．D：おおまかに西部と東部を分ける境界線

冬の乾燥耐性は低かった。それに対し、冬に乾燥し、冷え込みが強い道東の太平洋岸の少雪地帯のトドマツは、耐凍性や冬の乾燥耐性は高いが、雪害や雪腐れ病耐性などは低かった。これらの越冬耐性のほかに、生長量や材質もかなり異なっているはずである。このように天然のトドマツ林では、生育地の気象条件の違いによって、地域集団ごとに異なった選択圧が作用して、同種内の個体群間で環境適応能力に違いが起きていることが明らかになった。

8　特殊環境に対する植物の適応と代償

(1)　アラスカのヤナギは札幌で生長できない

アラスカのフェアバンクス(北緯約六二度)で、樹高一〇メートルほどのヤナギ(*Salix alaxensis*)五本から夏に枝をとり、札幌で挿し木して育てた。札幌(北緯四三度)は、白夜が続くアラスカより緯度が約二〇度も低い。夏至でも、札幌の日長はほぼ一六時間である。そのため一六時間の日長で伸長を止めるように適応していたアラスカのヤナギは、札幌では五月に開芽後まもなく伸長を止めてしまった。数年間育てたが、その性質は変わらず、五〜一〇センチメートルの矮小のままで、やがて枯死した。五本のヤナギの挿し木クローン苗すべてが、札幌では同じように伸長できなかった。またアラスカのバルサムポプラは少し伸長したが、それでもいずれの個体も、一〇年後の樹高は一五〜二〇センチメートルの矮小のままであった(図32)。

北緯六三度からもってきたヨーロッパアカマツの実生は、札幌では数年後でも二〇〜三〇センチ

図 32　アラスカのフェアバンクスでバルサムポプラから挿し木クローン苗をとり，札幌で 10 年間育てたもの．樹高は 15〜20 cm の矮小にとどまる（著者撮影）

メートルの樹高にとどまったが、北緯五五度のドイツからのものは順調に生長した。これらのことは、高緯度の長い日長に適応し、特殊化した樹種は、高緯度環境では抜群の強さをもつが、異なる生育環境で生きるための適応の幅が狭くなっており、中緯度の短い日長下では他の樹種と競合して生きられないことを示している。そのため将来、地球が寒冷化して高緯度の植物が南下を余儀なくされたときでも、現在の高緯度の日長環境に適応した亜寒帯針葉樹や落葉広葉樹は大きくは南下できないであろう。

(2)　沖縄で温帯植物はなぜ育たないか

低温馴化する温帯植物では、その生活環のなかに冬の寒さが組み込まれている。これらの植物は、ある程度の寒さがないところでは休眠が破られないために生きられないか、順調な生長ができない。たとえば本州に自生するクロマツやアカマツなどを、亜熱帯の沖縄に移植すると、一〜二メートルの高さにとどまり、生長ができない。それは、沖縄の那覇では一月の平均気温が約16℃、日最低気温の平均が13.5℃で、まれにしか5℃以下に冷えないので、休眠が破られないためと考えられる。[*120]なお、わが国の温帯落葉樹林の南限は、冬にある程度の寒さにさらされる屋久島の三〇〇〜八〇〇メートルの山地である。

温帯の果樹、たとえばナシやブドウを亜熱帯(台湾やブラジル南部など)で栽培する場合には、休眠を破るために、植物ホルモンのジベレリンや、石灰窒素(エチレンを発生させる)などの薬剤が散布される。

(3)　トドマツの高度適応

東京大学北海道演習林の三〇〇メートルから一六〇〇メートルまでの異なる標高に自生するトドマツの集団からの実生苗が、それぞれ異なる標高に相互移植され、高度別のトドマツ集団の形質の違いが七年間にわたり倉橋・濱谷によって比較された。[*61]現地では標高三〇〇メートルから七〇〇メートルまでがトドマツ・オシダ群集でトドマツが優占し、七〇〇〜一〇〇〇メートルではトドマツは減少し、エゾマツ・チシマザサ群集となる。約九〇〇メートルの高さを境にして、トドマツの優占する林からエゾマツの優先する林に移る。また同じく九〇〇メートルを境にして積雪が多くなり、それにつれて林床のササはチマキザサからチシマザサに移行する。実験の結果によれば、トドマツが優占している標高五〇〇〜七〇〇メートルからのトドマツの実生は、どの高度の植栽地でも発芽率が高く、生長がよかった。しかし九〇〇メートル以上から採取したトドマツ苗は、どの高度に植えても生長が悪く、ことに七三〇メートル以下に植栽したときには高い枯死率を示した。この現象は次のように説明できる。気象条件が厳しい九〇〇メートル以上では、自然淘汰による強い選抜が一方向に進む結果、高地・多雪環境に適した形質、すなわち生育期間の縮小、樹高生長量の低下、耐寒性や耐雪性の増大が起こる。一方、強い選抜の過程で集団内にもっていた遺伝変異が著しく減少し、集団が特殊化され、適応の幅が狭くなり、高地以外では住めなくなっている。

さらに樹木限界以上のトドマツ集団では、遺伝的に灌木化し、種子の発芽能力がほとんどなくなり、積雪下では栄養繁殖で越冬する能力を高めている。一方、垂直分布帯の下限に近い二三〇〜四三〇メートルの標高のトドマツを、八三〇メートル以上の標高地に移植すると枯死率が非常に高くなる。すなわち低い標高の分布下限域に生育するトドマツ集団は、低い標高に特殊化している。

こうした事実から、五〇〇〜七〇〇メートルの標高で優占しているトドマツ集団は、生育地より低地でも、高地でも生活できる高い適応能力をもち、生活できる場所の幅が広い。それに対して分布域の上限や下限の集団は強い選抜の結果、ほかの環境に対する適応能力をかなり失っている。このように植物は生育環境の変化に対して、遺伝的素質を変えて適応する。これはその植物が異なる環境に適応する長年の過程で獲得し、蓄積してきた遺伝変異のなかから、環境に適応するのに有利な変異を自然淘汰の力を借りて探り出してゆく過程と考えられる。

(4) 特殊環境に対する植物の適応

高緯度、高山帯、厳寒地、多雪地、乾燥地、熱帯河口(マングローブ林帯)、高塩分地域などに生きる植物は、厳しい特殊環境に生きる能力を獲得する過程で、正常な環境で生きる生活能力を犠牲にして、特殊化している。当然、集団内の個体間の変異も少なく、新しい環境への適応能力を低下させている。こうした特殊環境は、このような犠牲を払い、特殊化しなければ生きてゆけないほど、植物にとっては苛酷な環境であるということを物語っている。

9　積雪のメリットとデメリット

(1)　積雪のメリット

積雪は多量の空気を含み、移動しないために良好な断熱体である。そのため、雪の下で越冬する植物は厳しい冷え込みや乾燥、強い光から守られる。だから越冬植物は、低温や乾燥を避けるために積雪を効率よく利用して、生育地や生活形を選んでいる。また積雪の庇護を受けられない高木は灌木化して積雪下で越冬することにより低温を回避して、分布域を北上させたり、高地まで進めたりしている。

また土壌が凍結する地帯では、越冬植物は冬の間は根から水の供給を得られない状態となり、日射、強風や乾燥にさらされる。そのため耐寒性が特別に高いハイマツや高山植物や極地のツンドラ植物でも、積雪下でないと越冬できない。これらの植物の生活は、積雪と強く結びついている。積雪が植物を厳しい低温と乾燥から守り、春や夏にその解け水を供給する役割は大きい。積雪は、現在の地球上の植生や農業を支えるうえで非常に大きな役割を果たしている。

(2) 積雪のデメリット

他方、積雪は植物に有害な影響も与えている。たとえば多雪地帯では、高度が増すにつれて積雪量が増し、雪圧が高まり、それに対する耐性をもたない樹種は押しつぶされてしまう。また積雪下の地表面近くはほぼ0℃に保たれ、光の透過がなく暗黒で多湿である。こうした積雪下で何カ月も越冬する種子、実生、作物は雪腐れ菌に侵されやすい。こういった影響に対する耐性がなければ、植物は多雪地では生きられない。

積雪が多い中緯度の山地や高山帯の植物では、融雪時期によって植物の年間の生育期間が決まるために、植物の分布や生育にそれが重要な関わりをもつ。[*58・59・96]

i　雪圧に対する植物の適応

積雪の深さは時間とともに減少するが、これは雪が密度を増しながら、〝新雪〟から〝しまり雪〟に変わってゆくからで、積雪の密度は下層の方が大きい。積雪の沈降によって生ずる圧力を沈降圧または雪圧と呼んでいる。雪圧は、雪の中に埋もれている物体に大きな力を及ぼすので、あまり大きいと押しつぶされてしまう。[*96] 図33は山形県の多雪しまり雪地帯で測定された最大積雪深と最大雪圧の関係で、積雪深が増すにつれて雪圧は増し、最大積雪深三メートルでは約二トン、四メートルでは二・二トンにもなる。なお雪圧による害には幹の根元曲がり(図34)、幹折れや倒木などが知ら

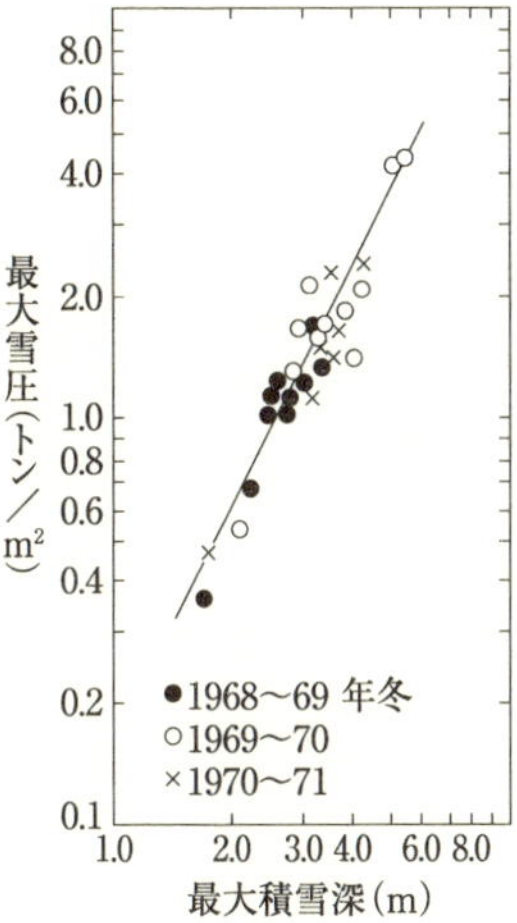

図 33　最大積雪深と最大雪圧の関係（山形県）．雪圧計の設置高は地上 1 m，受圧柱の長さ：1 m，幅：10.5 cm[*37]

図 34　多雪地帯の斜面に生育するスギの根元曲がり（十日町試験地）．傾斜角約 40°（著者撮影）

れている。こうした強大な雪圧に対しても植物は巧妙に適応している。

東北地方の日本海側の山々はいずれも豪雪地帯で、海抜八〇〇メートルの高地（ブナ帯で〝しまり雪〟）では平均三〜四メートルの最深積雪に覆われる。東北地方の天然樹種では、ハイマツ、オオシラビソ、コメツガは積雪二〜三メートルの場所にも自然分布しているが、積雪が三〜四メートルを越す豪雪地帯では、これらはほとんど分布していない。[*42] さらに高度が増し、積雪が増すと高木は生存できなくなり、ブナ、ミヤマナラ、ミヤマカエデ、ミヤマハンノキ、タカネナナカマドなどの灌木地帯になる。これらの灌木はチシマザサと同じように積雪下で越冬する。このように積雪深によって、そこで分布できる樹種が異なる。[*96]

東北地方の日本海側、多雪地帯のスギは、枝が柔軟で、しかも枝の付着角が鈍角であるため、枝葉上の冠雪を落下させやすい。それに対して太平洋側のスギは枝が堅く、付着角度が鋭角か直角に近いため、枝葉上の冠雪が落下しにくく、大量の冠雪によって幹折れが生じやすい。一九九八年一月中旬の東京地方の降雪では、冠雪した常緑広葉樹の幹が裂けたり、スギの成木の幹が折れたりした。これは、気温が0℃から－1℃に低下すると、葉に積もった雪が凍りつくことでさらに落下しにくくなり、ついに雪の重みに耐えきれないで幹や枝が裂けたり折れたりするからである。また落葉前の冠雪は落葉樹の幹折れや枝折れを起こしやすい。

ii　多雪地のスギの耐雪性

スギの幼木は積雪によって容易に倒れるが、樹高が増すにつれて倒れにくくなり、幹の根元曲がりを起こす(図34)。幹の根元曲がりは雪圧に対する木の順応の姿で、曲がらなければ幹の折れや割れといった致命的な傷害を受ける。この根元曲がりの回復について、高橋[*125]の興味深い研究を紹介したい。生長につれて雪圧に対する幹の抵抗力が高まるし、地上部の重さも加わって、曲がった幹の一部が接地し、そこから発根する。やがて幹の斜面下部から、幹の根元を支えるように支持根が出る(図35)。支持根が出た後は、幹の肥大生長が急速に高まり、とくに幹の斜面下側の生長がその上部よりはるかに大きい、偏心生長をする。そのために外観上は、根元曲がりが直ったように見える。そして支持根の直径が増すにつれて地上部の生長もよくなる。多雪地の斜面のスギは支持根ができあがって初めて根元が不動になり、順調な生長ができるようになるのである。しかしスギは雪圧に対するこうした対応に三〇～五〇年の年月を費やしている。

iii　雪腐れ病

積雪地帯では各種の雪腐れ病菌が存在しているが、野生の植物はこれらに対する耐性を獲得して積雪地帯に分布を広げている。雪腐れ病は積雪下で三～四カ月間越冬するオオムギ、コムギ、牧草などの草本植物や野生の針葉樹の種子、実生苗や幼木に発生しやすい病気で、一般に融雪が遅れた場合に多発する。雪腐れ病の多くは薬剤でかなり防除できることから、病原菌が発病の原因になっていることは明らかである。イネ科作物に雪腐れ病を引き起こす菌は、雪腐大粒菌、雪腐黒色小粒菌、雪腐褐色小粒菌などで、いずれも積雪下の0℃近い温度で活発に生活できる腐植好冷菌（担子菌、子のう菌）である。私がクワの実験を始めた翌春、北大農学部のクワ畑で見た越冬後のクワの雪腐れ病の被害は忘れられない。本州から持ち込まれたクワの優良品種の大部分は、幹の地際部が雪腐れ菌に侵され枯れるため、上部への水の上昇が断たれ、ほとんど枯死していた。それに対して北海道の野生種やそれと交配されたいくつかの品種はまったく正常であった。こうしたことから、多雪地帯では、植物は雪腐れ病菌に対する耐性をもたなければとても生きられないと感じた。

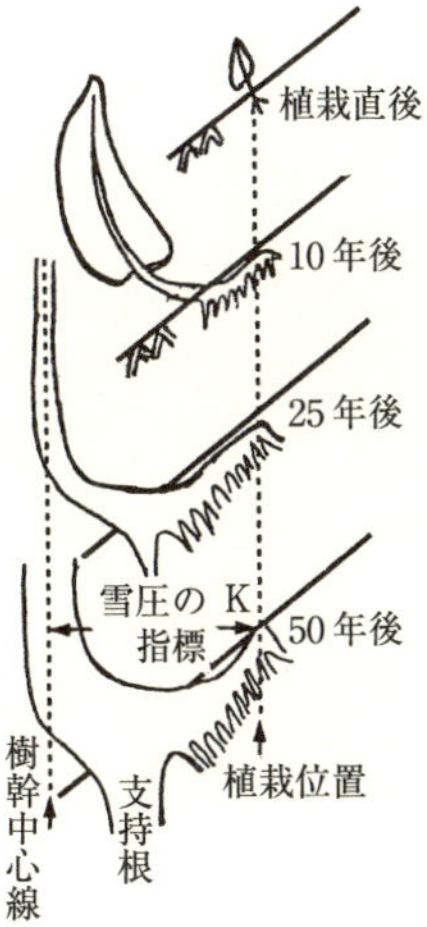

図35　多雪傾斜地のスギの根元曲がりの回復経過と支持根の形成＊125. K：根元上端部のコブで植栽位置を示す

図36　倒木更新しているエゾマツの幼木[*124]. O：腐朽し倒木した親株, E：倒木上で更新したエゾマツ

iv　エゾマツの倒木更新

エゾマツやトドマツの稚苗や幼木が親木の老朽した倒木上に群生しているのをよく見かける(倒木更新)(図36)。落葉が堆積した栄養のよい地表面に発芽するエゾマツの幼苗の多くは、数年たたないうちに、越冬中に雪腐れ病菌や他の病害菌に侵されて枯死する。一方、腐朽した倒木上は落葉の堆積層が少なく貧栄養であるため、雪腐れ病菌やその他の有害菌が少ない。そのうえ倒木上はスポンジ化しており、水を含み、かっこうの発芽・育苗床でもある。さらに倒木(直径四〇〜八〇センチメートル)上面のエゾマツの幼木は細根に外生菌根菌を共生させている。その菌糸が倒木の中に長く延び、酵素作用で窒素、リン酸などの無機養分を吸収し、それをエゾマツの根に供給している。[*124]

北海道ではエゾマツの良好な天然更新木は、火山噴出堆積地(未熟火山れき地)、安山岩地、林道の法《のり》面、鮮苔類繁茂地、地はぎ地（とくに鉱物質土壌）などに多く見られる。いずれも落葉堆積物がない貧栄養地で、有害な病害の発生が少ないところに限られている。こうした劣悪な立地環境でも、エゾマツのほかマツ属、アカエゾマツ（トウヒ属）など多くの針葉樹が、いろいろな外生菌根菌の共生によって分布を広げている。さらに、亜高山帯や亜寒帯の劣悪な環境にも適応している。また広葉樹でもシラカバなど先駆樹種のなかには、外生菌根菌を共生させているものが少なくない。

v　越冬能力の高いコムギの育種事業

十勝地方より積雪が多い北見地方で無事に越冬できるコムギには、北見地方で見られる三種類の雪腐れ病菌に対する抵抗性のほかに、積雪前の強い冷え込みに対する高い耐凍性をもつことも要求される。世界中から集められた九四一品種の秋まきコムギの越冬試験が、長年にわたり北見農業試験場で行われたが、そこで高い越冬率を示したのは、その内の約一五％、一四四品種にすぎなかった。三種の雪腐れ病菌に対する高い耐性と高い耐凍度をあわせもち、そのうえ、作物として要求されるコムギの品質特性をもった六系統（育種されたコムギの全数の約〇・六％）のコムギが、巧妙な育種事業の結果作り出された。[*1]

(3)　遺伝資源の収集と活用

高い越冬性をもつコムギを育種するためには、外国から導入された多くのコムギを同一条件下で長年栽培して、越冬に関与する遺伝的性質を調べておくことが必要である。トルコ東部の積雪地帯のコムギP.I.17438は黒色小粒菌核病に対する高い耐性をもち、ロシア、アメリカ、カナダ産のものには耐凍度の高い遺伝資源があった。このコムギの育種研究を通して遺伝資源の収集と保存、栽培による遺伝的特性の評価、それらの特性の公開と利用が極めて重要であることがわかる。

北海道の内陸部の少雪地帯は寒さの厳しい土壌凍結地帯である。こうした厳しい気象条件下で越冬能力が高い冬作物を育種することの難しさを通じて、そこで自力で長年生きてきた自然の植物たちのたくましさや環境適応力の素晴らしさに感心する。

10　北半球における寒冷気候の出現と植物の盛衰

第三紀の初め、始新世の中頃（約四五〇〇万年前）までは、地球を一周する赤道海流が存在し、熱帯の暖かい海流が北極海に効率よく送られていた。また地球上に大山脈がなく、南北の熱交換が比較的自由に行われていたために、赤道と極との間の温度差が少なく、北極圏でも温暖で湿度の高い常春気候であった。そのため、北半球の高緯度地域にも温暖湿潤気候を好むスギ科の針葉樹（セコイア、メタセコイアなど）の森林が繁茂していた。[*20] これらが高緯度地域の現在の石炭資源となっている。しかしその後、第三紀後半に北半球に寒冷乾燥気候が出現したことによって、これに適応できなかったスギ科針葉樹の衰退と、寒冷気候に適応できたマツ科針葉樹と落葉広葉樹の繁栄とは、まことに対照的であった。寒冷乾燥気候の出現によって、北半球の植物は初めて高い寒冷適応能力を獲得したと思われる。

(1) 北極圏の雪原で発見されたメタセコイア化石林

一九八五年に、カナダの北緯約八〇度のアクセル・ハイベルグ島で、数百本のメタセコイアの化石林が雪原の下から発見された(図37)。飛行中のパイロットが雪原上に一部露出していた根株を見つけたのだ。化石林には、直径一メートルほどの多数の根株、長さ一〇メートルほどの丸太のほか、多数の葉、球果、幹も発見された。調査の結果、樹高二〇～三〇メートル、樹齢約一五〇年の落葉性のメタセコイアを主とする、かなり高密度の湿地林が存在していたことがわかった。この化石林は、少なくとも四五〇〇万年前の第三紀の始新世初めから中頃(図38)のものと同定された。その頃の現地の緯度は現在とほとんど同じであったが、夏の気温は現在より約20℃ほど高かったと推測される。現在は永久凍土地帯で、海岸部を除いて島の内陸部は雪原で覆われていて、年平均気温は－14℃、夏の気温は0～3℃である。当時の冬は、現在と同じようにほとんど暗黒であったが、霧が多く曇天で、北極海の海水温は約15℃と推定されている。また北極海の沿岸地帯では気温が氷点下になることはまれで、内陸部でも氷点下数度C以下には下がらなかったと推測されている。*8

アクセル・ハイベルグ島では、メタセコイアの化石林のほかに、イチョウの葉、落葉広葉樹のカバノキ、ハンノキ、ヤナギ、カツラなど約三〇属の落葉樹の葉、マツ科の針葉樹(ことにカラマツ)の花粉や幹も多く発見された。こうしたことから、すでにその当時、メタセコイアの湿地林の上流域には、落葉広葉樹にマツ科の針葉樹を交えた森林が存在していたと考えられる。温暖で暗黒な冬

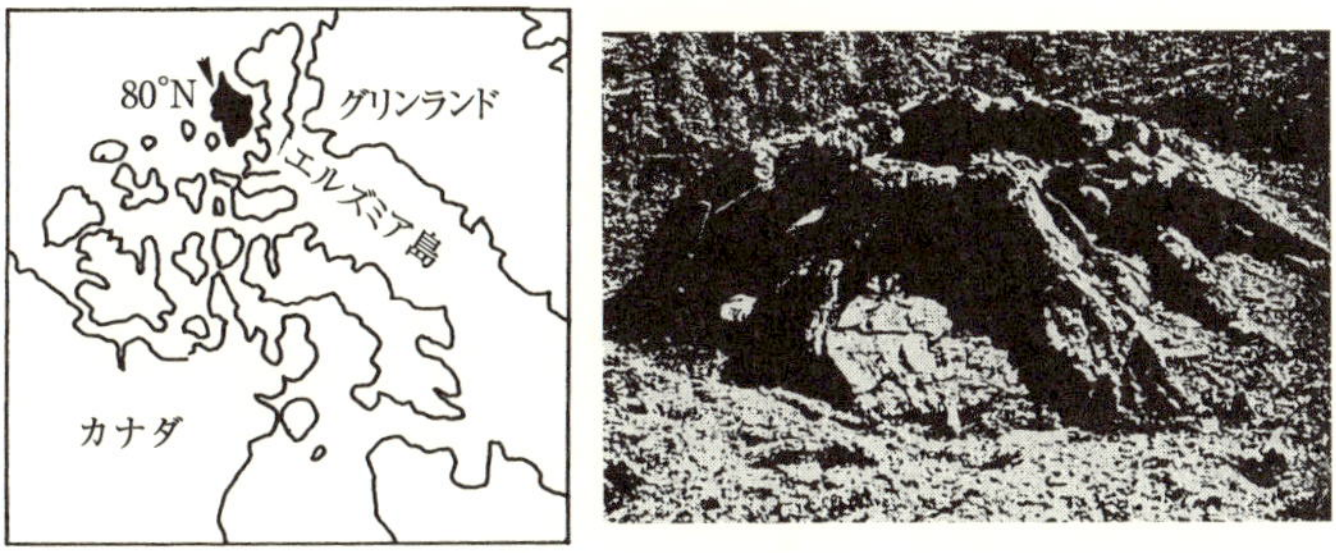

図 37　左：メタセコイア化石林発見場所のカナダ高緯度北極圏のアクセル・ハイベルグ島(矢印)．右：化石株(直径 2.1 m)＊21

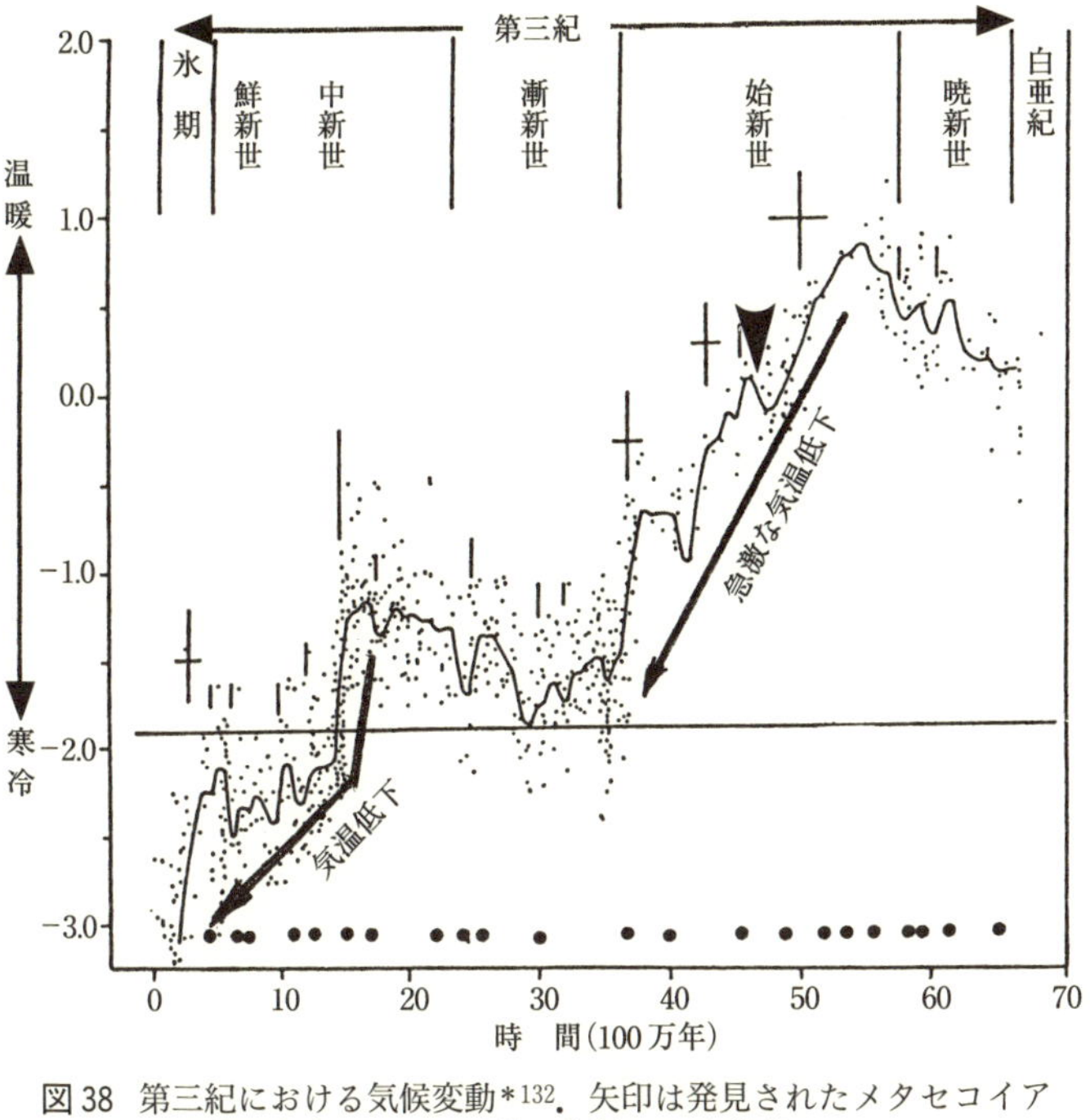

図 38　第三紀における気候変動＊132．矢印は発見されたメタセコイア化石林が存在していた時代．縦軸は温度指数

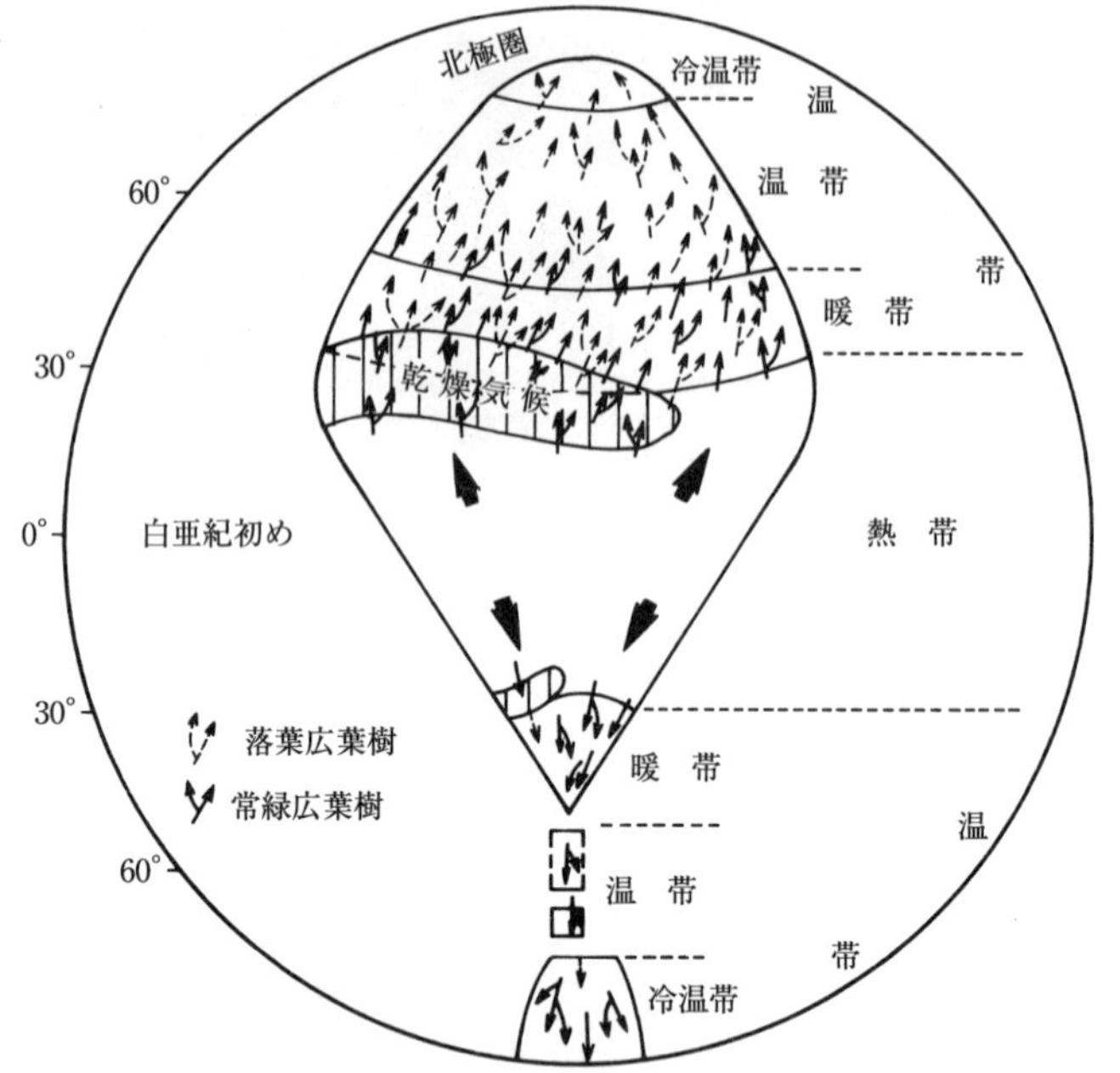

図 39　白亜紀初めにおける落葉広葉樹の高緯度への急激な分布拡大[*6]

が長く続く当時の北極圏では、常緑樹は呼吸による消耗が大きいために、落葉性の方が生活上有利であったはずである。しかし化石林の近くにマツ科の常緑性の針葉樹（マツ、トウヒ、モミなど）の化石や幹も多く発見されていることから、現地では、当時すでに夜間の気温がかなり低下しており、常緑針葉樹も北極圏に分布を広げていたものと考えられる。

なお、被子植物である広葉樹に落葉性のものが出現したのは中世代白亜紀の初め頃（一億三〇〇〇万年前）、熱帯周辺の常緑樹林帯で、一年のなかで比較的冷涼な季節にかなり厳しい乾燥気候が存在する地域があったと考えられている。[*6] そしてそこで落葉性を獲得した広葉樹は白亜紀後期から第三紀初めにかけて、冬に暗黒でかつ温暖な北極圏にまで急速に分布を広げたものと考えられる(図39)。

アメリカの古生物学者チェーニー[*13]によれば、北半球では第三紀の初め頃までは、スギ科を主とする針葉樹や落葉広葉樹(第三紀周北極植物群)が中緯度から高緯度北極圏まで広く分布し、その南の亜熱帯や熱帯には常緑広葉樹が分布していたようだ。

なお第三紀の初め頃、北半球の高緯度圏に分布していたメタセコイアや落葉広葉樹は、その当時の温暖気候を反映して、おそらく−10〜−15℃程度までしか耐えられなかったものと考えられる。その理由として、同じ頃にヨーロッパの高緯度北極圏に広く分布していた常緑性のセコイアの遺存種がカリフォルニアに現存するが、それは−12℃程度までしか耐えられないからである[*91]。

(2)　第三紀における寒冷気候の出現と植物相の変動

第三紀の始新世中頃から漸新世の終わり(約二八〇〇万年前)にかけて、地球レベルでの熱交換システムが失われ、高緯度や中緯度では気温が約10℃近く低下し(図38)、それにつれて季節性が増大し、乾燥化が進んでいったと考えられる。この気温の著しい低下によって、北極圏まで分布していた温暖湿潤性のスギ科針葉樹を主とする第三紀周北極植物群は中緯度にまで南下した。さらに第三紀後半から活発になったアルプス造山運動による山脈の上昇、大陸移動による海流の変化、内陸部における地域的な乾燥化などのため、赤道と極との間の温度差が著しく増大し、北極海の孤立と低温化および南極大陸の氷床形成が起こった。こうした地形や気候の大変化(常春的温暖気候から夏暑く冬寒い乾燥した大陸的気候への移行)のため周北極植物群は南に後退し、多くの祖先型の植物群は絶滅した。ことにこうした大きな気候の変動のもとで、寒冷乾燥気候に適応できなかったスギ科針葉樹は全面的に衰退し、数種類がかろうじて絶滅を免れ、現在、隔離され遺存分布している。一方、この気候の変化に適応して生き残ったマツ科針葉樹や落葉広葉樹では、古い祖先型の多くが姿を消したが、寒冷乾燥気候に適応した新しい種が分化してきた。[*123・127] おそらくこの寒冷気候下で、マツ科針葉樹や落葉広葉樹は日長休眠と低温馴化能を獲得したのであろう。こうして大きな気候変動を乗り切った植物群は、第三紀末の鮮新世に続く、現在から約一六〇〇万年前に始まる氷河時代における激しい気候変動、季節性の激化や冬の温度低下に耐えて、生き残った。そして現在から約一万一〇〇〇年前に始まる後氷期の温度上昇期に、それまで生態的空白地帯になっていた冷温帯や亜寒帯に急速に分布域を広げたものと考えられる。[*123] このように寒冷気候の出現は、植物の環境に対する適応進化の歴史上特筆すべきできごとであった。

第三紀の寒冷期とそれに続く第四紀の氷河時代に生き残り、現在の冷温帯や亜寒帯に分布した落葉広葉樹は、カバノキ科(シラカバ、ハンノキなどの各属の約一二〇種)とヤナギ科(ヤナギ属、ポプラの仲間の約三三〇種)、ブナ科(ブナ属八種、コナラ亜属約五〇種)、カエデ属(一一五種)、ニレ科(二〇〇〇種)のうちニレ属(一八種)、エノキ属(七〇種)のごく限られた属のなかの少数の種のみである。またクワ科は七五属、約三〇〇〇種の大きな植物群からなるが、クワ属など数種の植物のみが落葉性で温帯に分布する。イチジク属約六〇〇種を始めクワ科のそのほかの属の植物は、常緑樹として熱帯で繁茂している。また亜寒帯や亜高山帯に優先するマツ科針葉樹でも、その仲間の圧倒的多数は暖帯や温帯に分布する[*76](後出図58参照)。こうしたことは、高木として冷温帯や亜寒帯で生活することがどんなに困難であるかを示している。

(3)　スギ科植物の遺存分布

i　メタセコイアの盛衰

メタセコイアは生ける化石植物として近年有名になったが、この類の化石はセコイア・ヤポニカ(*Sequoia japonica*)として日本各地で以前から発見されていた。また中国にはセコイア・チネンセが知られていた。これらの植物化石を調べていた三木茂博士は、日本の第三紀のセコイア型の葉と球果がカリフォルニアの沿海に現存するセコイアやアメリカ東南部に現存する落葉性のヌマスギとも異なることから、これらの化石に対して、一九四一年に新しいメタセコイア属(*Metasequoia*)を作った[*68]。こうした三木博士の優れた洞察により、メタセコイアの存在が初めて認められたのである。その後アメリカのチェーニーによって、メタセコイアの化石の広範囲な分布調査が行われた。その結果、メタセコイアは中生代中頃にアメリカの西海岸北部で起源した後、中生代の終わりから第三紀の初めにアラスカ、北極圏に大規模に分布し、さらにベリンジアから日本、サハリン、沿海州、中国に分布を広げたことが明らかになった。アメリカ大陸では第三紀最後の鮮新世の始まる前にすべて絶滅した。わが国では、第三紀鮮新世後期（約二五〇万年前）のメタセコイア化石林二九株（直径約一メートル）が東京都八王子市の北を流れる北浅川で一九六七年に発見された。わが国でメタセコイアが絶滅したのは氷河時代の前期といわれている[*69]。

第二次世界大戦中、米中共同の植物相調査が四川省を中心に行われていた。一九四五年、重慶の中央植物研究所の王戦林務官は森林資源の調査にあたり、あえてコースを険しい山峡の南側にとり、長江の一支流、磨刀渓沿いを行くうちに、ある部落の祠のそばに一本の針葉樹が神木として立っているのに気づいた。高さ約三五メートル、直径約二・五メートルの巨木であった。その標本は、最終的に北京の胡博士によって、三木博士が化石で名付けたメタセコイアと同類であることが確かめられた。そして一九四八年に、生ける化石植物メタセコイアが中国で発見されたと報告し、これに *Metasequoia glyptostroboides* Hu et Cheng[*32] という学名が与えられた。この発見は王戦があえて未踏の困難なコースを選んだことによる成果であった。現在、メタセコイアは中国の四川省と湖北省（標高九〇〇〜一三〇〇メートル）の暖地にのみ遺存分布している。

中国で採集されたメタセコイアの種子が一九四九年にアメリカから日本に持ち込まれ、また一九五〇年にもアメリカから一〇〇本の苗が日本に持ち込まれ各地に植えられた。三木教授が当時勤務していた武庫川女子大学の玄関前にも並木が植えられた。

ii　スギ科植物の遺存分布

絶滅を免れ現存するスギ科植物の多くは、湿潤温暖で季節変化が少ない第三紀的気候をとどめる中国南西部(メタセコイア、スイショウ、コウヨウザン)や台湾(タイワンスギ、コウヨウザン)、アメリカ東南部の湿地(ヌマスギ)やカリフォルニア(沿海性セコイア、山岳性ジャイアント・セコイア)(II—8、巨木の項参照)に遺存分布している。なおスギは日本に遺存分布し、わが国では屋久島のスギが有名であるが、スギの天然林はおもに日本海側の湿潤な多雪地帯で、表層土の少ない不安定斜面に青森県まで分布する。起源が古いスギ科の植物で、スギと近縁のミナミスギ属はオーストラリアのタスマニア島の温暖な第三紀的気候をとどめる樹木限界付近で二種が遺存分布している。一見したところ、樹形も針葉もスギそっくりであった。

11　熱帯の高山帯に植物の耐寒戦略の進化を探る

熱帯高山帯では、年間を通じた気温の季節変化は少ないが、一日の気温変化が大きく、それにつれて空中湿度も著しく変わる。そのため晴れた日には、日中は夏のようでも、夜間にはしばしば氷点下に下がる。こうした温暖な熱帯高山帯の特異な気象条件に生育する植物は、夜間の短時間の氷点下の冷え込みに対して、独特の防寒法や凍結を避ける方法を作り出している。そのため植物の耐寒戦略の進化を探るうえで、熱帯高地の植物は興味深い。私が見たのは、南米コロンビアの常春の都市、ボゴダ(海抜二五〇〇メートル)郊外の三〇〇〇メートル以上の高地とパプアニューギニアの三〇〇〇メートル付近の木性シダ群生地である。

(1)　熱帯高山帯の気候

熱帯高山帯では、乾季にはとくに晴れることが多いために、気温と湿度の一日の変化が大きく、また紫外線が強い。東アフリカの標高四〇〇〇メートル近い熱帯高山帯の日平均気温は5℃前後であるが、日射にさらされる葉温や地表温度は気温よりも10〜15℃も高まる。また晴れた夜が明ける頃には、放射冷却のために気温が氷点下数度まで冷え込む。しかし日の出とともに気温が急に上昇するため、冷え込み時間が短く、土壌が凍結することはまれである。また中緯度の高山帯と違い積雪がない。したがって耐寒戦略としては、芽や茎を葉で覆ったり、体液が凍るときに出る熱を利用して、芽や花茎の冷え込みを緩和したり、また葉の過冷却能力を高めて危険な凍結を避けたりしている。

東アフリカの高山帯は一般に乾燥しており、たとえばキリマンジャロで測定された高度別の降雨量は標高約二八〇〇メートルでは一七七〇ミリメートル、それより高地では急速に減少し、四二〇〇メートル以上では一七〇ミリメートルになる。しかし、こうした高地に生育する植物は、毎朝かなりの量の露や霜の解け水が利用できる。また熱帯高山帯では光の強さ、気温、湿度がたえず変化するため、植物は葉の開き度合いを変えて適応している。一般に植物は高度が増すにつれて葉を小さくするが、東アフリカや南米の熱帯高山帯では、逆に葉を大きくして適応した特異なジャイアント・ロゼット植物が見られる。[*14]

(2)　ジャイアント・ロゼット植物の分布と環境適応

i　冷却緩和戦略

東アフリカ（エチオピアからケニア）と南米のアンデス山脈の樹木限界を越える上部の高地（標高

図40　ケニア山の標高4500 mの植生*14．A：セネシオ・ケニアデンドロン，B：セネシオ・ブラシカ(キャベツセネシオ)

三五〇〇〜四五〇〇メートル)には、高さ一〜五メートルの幹をもつジャイアント・ロゼット植物が広く分布している。キク科のものが多い。図40は、ケニア山の約四五〇〇メートルの高山帯の谷間に生育するセネシオ・ケニアデンドロンとキャベツセネシオである。

ケニアデンドロンは二〜九メートルの高さの幹をもち、空中湿度を利用して三八〇〇〜四三〇〇メートルの高山帯に密な群生を作っている。その分布の上限は、真夏でも雪の消えない地点を連ねた雪線(約四五〇〇メートル)近くに及んでいる。また南米アンデスの樹木限界を越えた場所にも、一〜五メートルの直立した幹の上にロゼット葉をもつキク科のエスペレチアが広く分布している。これらのジャイアント・ロゼット植物は半木性で、常緑の大きな硬く厚い葉は、幹の上に位置することによって、地表近くの厳

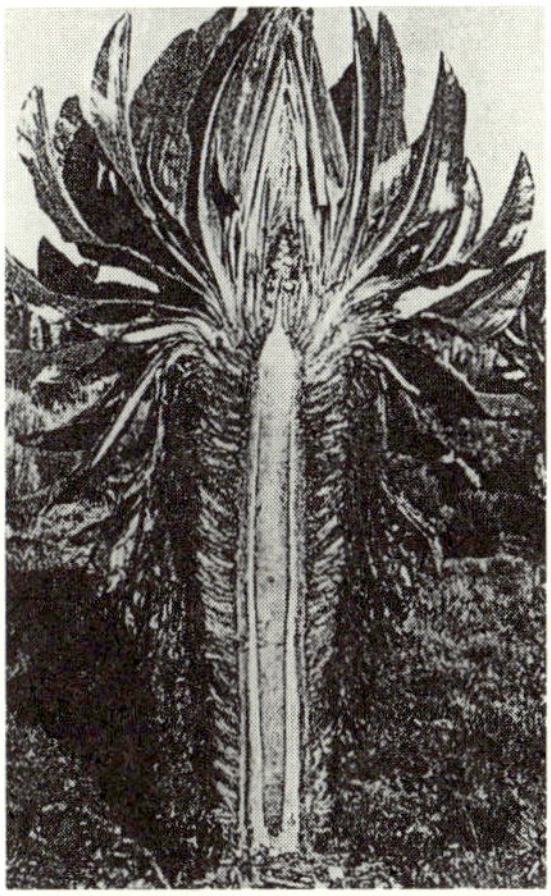

図41　セネシオ・ケニアデンドロン(高さ1.7 m)の縦断写真＊29

しい放射冷却を避けている。そしてロゼット葉の外側の成熟した大きな葉は、日中は開いてロゼットの中の温度を高めて未熟葉の生長を促進し、夜間は閉じて、いわゆる night bud を形成し、最も重要な芽の生長点の凍結を防いでいる。なおロゼットの中央部には芽を取り囲む未熟な葉が多数ある。最も外側の葉が老化するにつれて、この内側の葉が取って代わるため、年間を通じて葉の形成と生長が続く。この場合、老化した葉は落ちないで垂れ下がり、幹を囲んで何年も残り、密な断熱層を作ることで幹を保護している(図41)。また幹では、薄い木部が幹の外側を取り囲み、その内部によく発達したズイがあり水を蓄えている。そしてズイの先端部、すなわちロゼット葉の直下に貯水組織が発達している。古い葉で厚く覆われた幹の断熱層は、夜間は茎の温度低下を緩和し、日中は幹の温度上昇を抑え、幹から葉への水の供給を調整している。実際、幹の周りの断熱層が人工的に取り去られたり、火事で焼けたりした場合には、水の収支のバランスが崩れ、二週間後には葉のしおれが目立ち、次第に枯死する。

キャベツセネシオは少し湿った場所に生えていて、地表面か地下にほふくした茎をもち、地表近くに大きなロゼット葉を作るので、巨大なキャベツのように見える。やはり夜になるとロゼット葉を閉じ、内部の生長点を強い冷え込みから守る。また同じように地表近くに大きなロゼット葉をもつキキョウ科のロベリアでは、夜間に葉を閉じるのは一種だけで、ほかのロベリアは一晩中、葉を開いたままである。後者のロゼットはカップ状になっており、その中に三リットルほどの液がたまっている。夜間に、液の表面だけが凍り、芽の生長点がある液の底部は凍結しない。この液は葉の基部から分泌され、蒸発を防ぐ粘液を含んでいるので、日中温度が上昇しても干上がってしまうことはない。

同じような環境に生えるジャイアント・ロベリアは、ロゼットの中央から花茎を出し開花する。これが数年に一回の一斉開花で風によって授粉し、大量の種子もまた風で散布される。風による授粉という仕組みは、熱帯の四〇〇〇メートル以上の高山帯では昆虫がほとんどいないためであろう。

ii　ロベリアの花茎の耐寒戦略

ロベリア・テレキイの花茎はロゼットの中心から伸び、高さ二〜三メートル、直径五〜八センチメートルの中空の円筒形である。花茎の外側は長くぶら下がった細い葉からなる苞で覆われ、その間に花がたくさん付いている。花茎の内部には、地面から一メートルぐらいの高さまで、粘性の高い液が約五〇リットル詰まっている(図42)。この液は0℃近い温度で凍結を始め、大量の熱を放出し、夜間もほぼ0℃近い温度を維持する。また液の上部には空気が閉じ込められているので、温められた空気が対流して花茎の上部を温めることになる。興味深いのは、花茎の中の液が過冷却しないで0℃近くで凍り始めることである。[*57] またこれらの花茎が生長するのは、放射冷却が緩和される

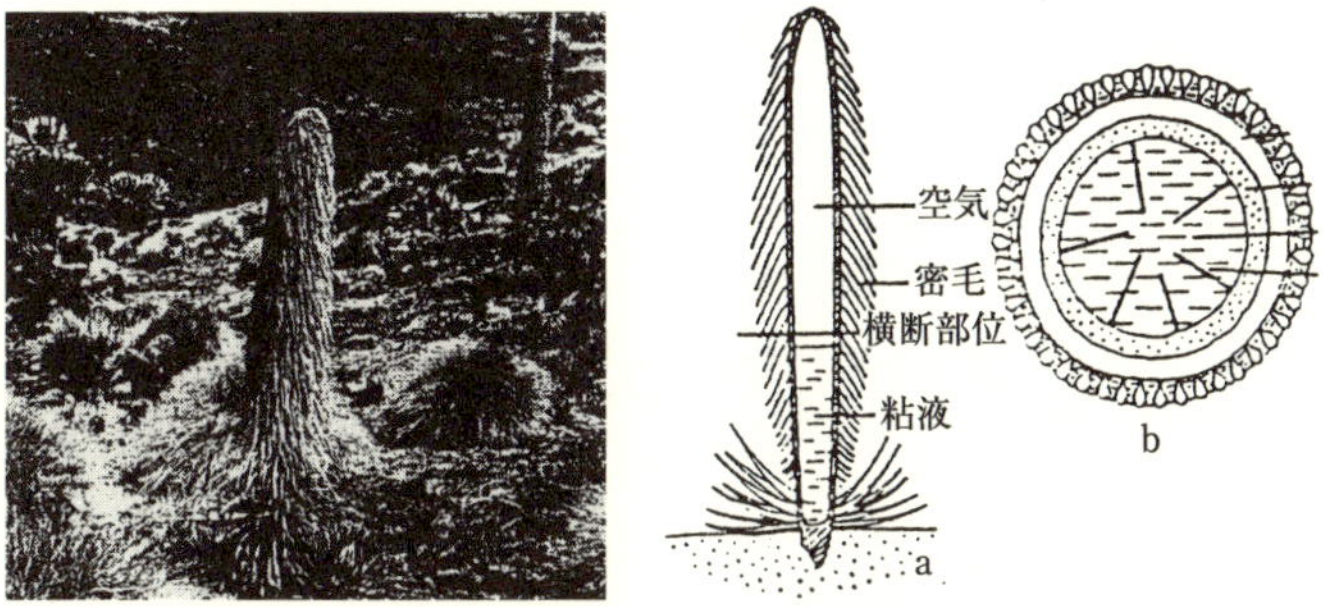

図42　ロベリア・テレキイの花茎[*57]. a：花茎の表面が，細く長い葉(苞)で毛皮のように覆われている(高さ2 m)，b：横断面

雨季に限られる。

iii　葉の過冷却能力

ジャイアント・ロゼット植物の大きなロゼット葉は、高山帯で光合成をするうえで有利であり、また露や霧を効率よく集め、生長点や未熟な葉を保護するという重要な役割も果たしている。さらにロゼット葉は夜間、氷点下に冷やされても凍結しないで過冷却する(図43)。その過冷却能力は生育地の高度による冷え込みの程度で異なり、標高二八五〇メートル以下では約−7℃まで、三五〇〇メートルでは約−10℃まで過冷却する。さらに冷え込みが厳しい高地では、ジャイアント・ロゼット植物の外側の葉は厳しい放射冷却にさらされ、凍結することが観察されている。しかしこれらの葉はある程度の耐凍性を獲得している。[*9・79]

iv　ジャイアント・ロゼット植物の収れん的適応

このように熱帯高山帯のジャイアント・ロゼット植物は、乾燥した高山帯低温環境のもとで、巧妙な仕組みで水のバランスを保ちリサイクルしながら生長を続け、厳しい温度変化と水不足に適応して生きている。熱帯高山帯では、風は年間を通じて

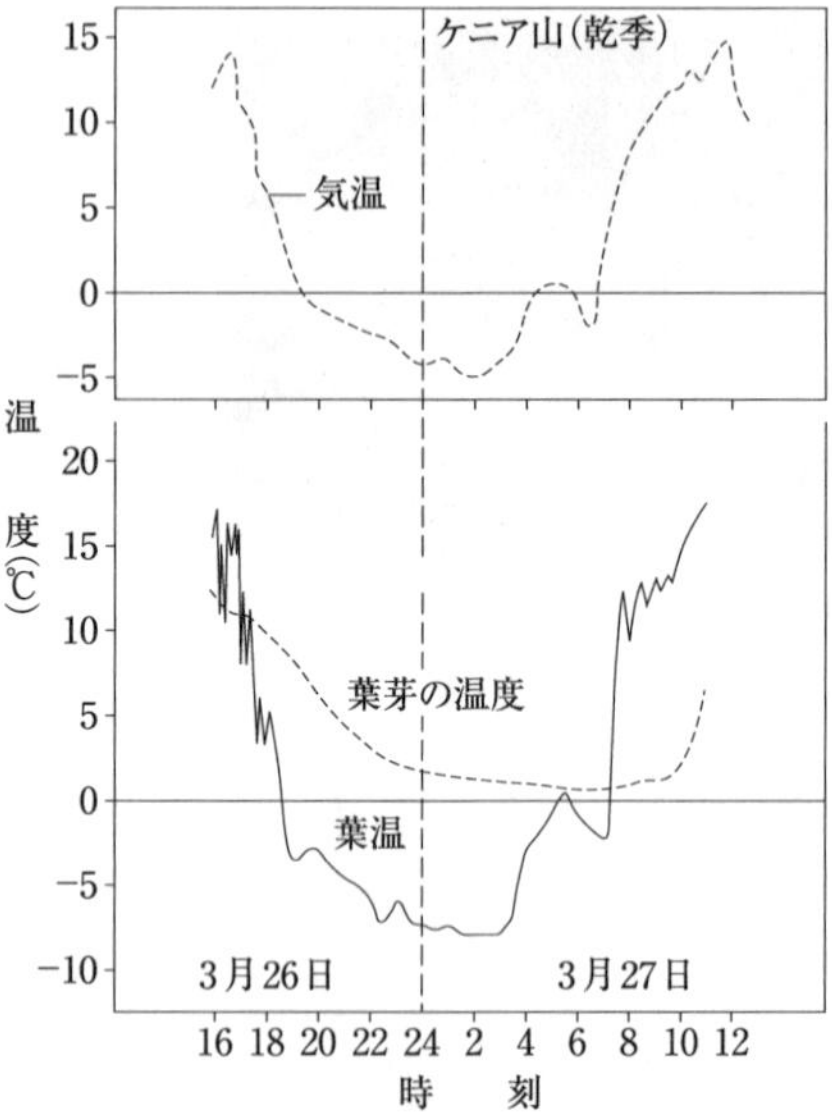

図43　ケニア山の標高4200 mの気温とセネシオの葉と芽の温度*9

少ないが、紫外線や太陽光線が強い。そこでロゼット植物の葉は蒸散を抑えるために厚い光沢のあるクチクラ層で覆われ、さらにその表面が毛や綿毛で覆われている。また日中の空中湿度に対応して葉の開き具合を調整し、水分の喪失を防いでいる。

直立した茎をもつジャイアント・ロゼット植物は、アンデス高地ではキク科植物のエスペレチア属のものが多く、ほかにオオバコ科やジュウジバナ科の植物もある。東アフリカでは、ロベリア属（キキョウ科）やセネシオ属（キク科）の植物が多い。一日の大きな温度変化と厳しい乾燥にさらされる熱帯高山帯の広い地域にわたって、植物の種類に関係なく、同じような形態をもつ植物がこのように進化したことは、熱帯高山帯の特異な気象環境に対する植物の収れん的進化現象と考えられる。特殊な形態と機能、そして徹底した資源のリサイクルが、この特殊環境に生活するうえで有利なのだと思う。

カリフォルニア南部からメキシコや南米北部にかけて、またアフリカ南西部亜熱帯の低地の砂漠や乾燥地でも、植物は厳しい乾燥と温度変動にさらされて生きている。こうしたところでも、同じように直立した茎の上に大きな葉をもつ植物、すなわちユッカ、リュウゼツラン、ワシントンヤシ、アロエなどが見られる。

(3)　地表植物の耐寒戦略

東アフリカやアンデス山脈高地には、ジャイアント・ロゼット植物に混じって多年草の地表植物が多く生活している(図44、B、C、D)。これら地表植物はツンドラ植物と同じように、地表近くの高温域を有効に利用できるが、夜間は厳しい放射冷却にさらされる。生活形は地表植物か半地下植物で、草本性のイネ科植物の叢生形(B)、ロゼット形(C)、クッション状の群体(D)、矮小の低木植物からなる。いずれの生活形の植物も地表近くで太陽熱を有効に利用し、芽は植物や群体内や地表近くに位置し、強い冷え込みと乾燥から守られている。またこれらの植物は結露を有効に利用している。

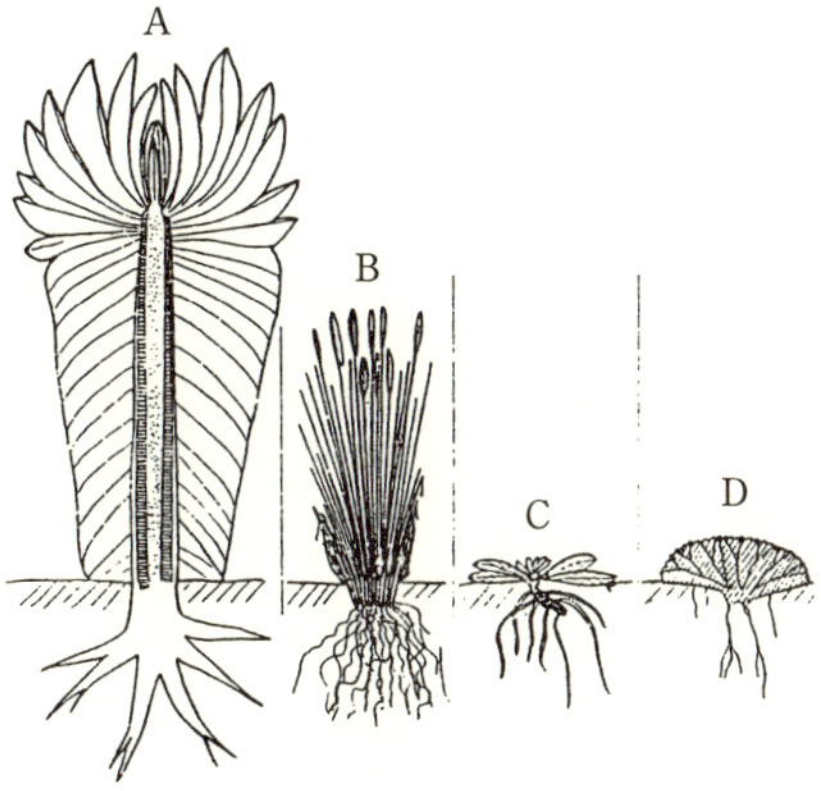

図44　ケニア山に分布する植物の生活形*29．A：ジャイアント・ロゼット形，B：イネ科植物の叢生形，C：ロゼット形，D：クッション状の群体

乾燥地の植物に共通して、これらの葉は小さく、厚くできていて、乾燥に耐え、また耐凍性を獲得している。ベネズエラの標高四二〇〇メートルの熱帯高山帯では、年間の平均気温が3℃で、地上一〇センチメートルの温度は約−10℃近くになる。そこで生育しているキク科やナデシコ科、ジュウジバナ科の植物の葉や茎はいずれも−15℃近い温度に耐えることが知られている。

以上のことから、熱帯の乾燥した高山帯に生育する草本植物の耐寒戦略は、次のようにまとめられる。

① 低温回避(冷却緩和)
・芽の生長点や茎を被覆して防寒
・花茎内やロゼット葉の基部にためられた液が凍るときに出る熱の利用
・ロゼット葉を地上高くにおいて放射冷却を緩和する
・生活形を選ぶ：ジャイアント・ロゼット形、叢生形、クッション状の群体
・花茎を出す時期を選ぶ(雨季)
・生育地の選択：温暖斜面の利用
② 凍結回避—ロゼット葉の過冷却による凍結回避
③ 耐凍性の獲得—地表の小さい植物

熱帯高山帯の植物は夜間の短時間の氷点下の冷え込みに対して、それぞれ多様な生活形を選択したり、独自の巧妙な防寒・耐寒戦略を発達させて、それぞれの環境に適応している。しかし冷え込

みがさらに厳しく長く続く環境では、ジャイアント・ロゼット植物で見られたような防寒効果は期待できなくなる。そうしたところでは、耐凍性の獲得が必要となる。

12　温帯植物の耐寒・越冬戦略

温帯植物の耐寒・越冬戦略をまとめる前に、温帯落葉樹林における植物の生活と生活形について見ておきたい。

(1)　温帯落葉樹林の生活と生活形

i　温帯落葉樹林の生活

札幌市内の南の地区に、一九一九年に天然記念物に指定され、ほぼ自然林をとどめる藻岩山(標高五三〇メートル)がある。ここの自然植生は温帯落葉広葉樹林で、中下層にはオオカメノキやツリバナなどの低木があり、林床にはササ(チマキザサ)、イヌガヤ、フッキソウ、シダが多い。雪が解けた四月中頃から登山道の両側はキバナノアマナ、エゾエンゴサク、エンレイソウ、ニリンソウなどの花で覆われる。上木の落葉樹の葉が開く五月中頃までは地表面に光が降り注ぐため、この時期、林床の植物は必要なものを光合成で生産する。やがて上木の新緑葉によって日射が遮られ、地表面には木漏れ日しか届かなくなる。そして林床の多くの植物たちは夏の間、弱光のもとで細々と生き延びる。やがて一〇月中頃、山一面を赤や黄色にドレスアップしていた木々の葉が落ちると、林床のササに五カ月ぶりに光が注ぐ。そしてササは、雪で覆われるまでのこの短い時期に、越冬と春の生長のために必要な物質とエネルギーを蓄える。落葉樹林では、植物は太陽の光をこうして時間的に、また空間的に分かち合って共存して生きているのである。

ii　生活形の分類と耐寒性

不利な環境にさらされても移動できない植物は、夏の生活と冬の生活を勘案してそれぞれの生活形(高木、灌木、地表や地中植物など)を選択して生きている。落葉樹林内では、高木や低木は冬の寒さや乾燥にさらされて越冬するが、林床の地表や地中植物は地上部を枯らし、越冬芽が積雪下の地表や地中で越冬する。

デンマークの植物学者ラウンキエーによって一九一〇年に提出された生活形の考え方は、植物は生活にとって不利な冬や乾燥時期をどのように生きるかに注目したものである。ラウンキエーは、越冬芽の地表面からの高さ、または地下への深さに基づいて植物の生活形を四つに類別した(図45)。①越冬芽が地上高くにあり、寒さや乾燥にさらされて越冬する高木や低木などの地上植物、②地上部位が冬枯れしないササ、常緑性低灌木などの地表植物、③地上部の大部分の茎葉は冬枯れするが、地表近くのロゼット葉が生き残り、その中央にある越冬芽が地表か地下で越冬する半地中植物(タンポポ、オオマツヨイグサ、アザミなど)、④地上部はすべて冬枯れし、冬芽が地中(球根類、根

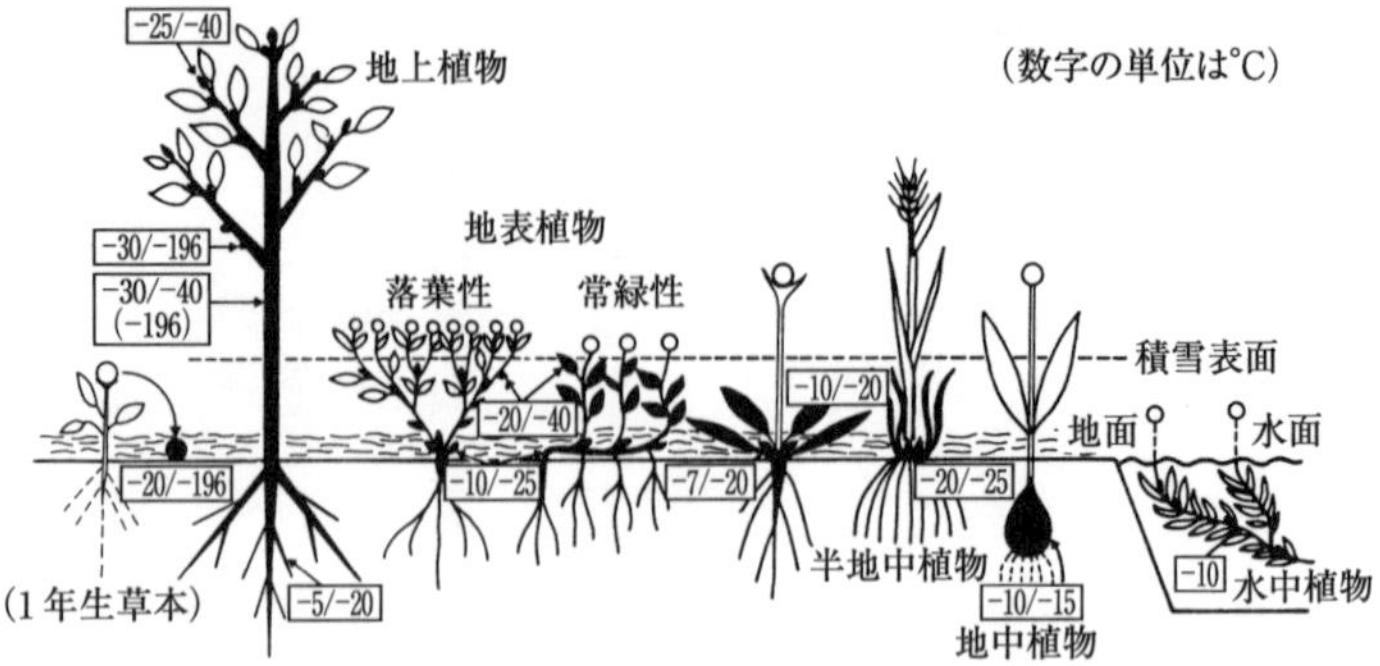

図45　ラウンキエーの生活形[109]

茎）、または水中で越冬する地中や水中植物、である。

なお、一年生草本は発芽して開花したのちに枯れるので、種子の形成とその越冬性が重要であると考えられ、この分類には入っていない。多年草も種子を作るが、地下の芽が生きていて長年枯死することはない。この生活形の概念は、越冬芽に着目し、植物がどのような方法で寒さや乾燥に耐えているのかという生き方で整理したものである。

地表または半地中植物の越冬に密接に関係するのは、植物が冬に生活している地表近くの温度である。ことに裸地で冬季の晴天の日には放射冷却が起こり、地表近くに冷気が停滞する。そのために地表近くの温度は地上約一メートルの百葉箱中の気温より数度も低いことがある。同じ地表でも、地温は気相よりもかなり高く、温度変動も少ない。そのため越冬芽や地下茎の越冬性は、腐植層の厚さや、地面や雪面からの深さによって著しく影響される。北大苫小牧演習林の異なる林床で測定された、落葉層の上方一センチメートルにおける最低気温および最低地温を表1に示す。[138] 現地は例年一一月下旬から四月末まで土壌が

表1　北大苫小牧演習林の異なる林床における地表近くの気温と地温[*138]

林の種類	落葉層の厚さ(cm)	落葉層の上方1cmの最低気温(°C)	土壌温度(°C)		
			0 cm	10 cm	20 cm
落葉広葉樹林	2〜6	−11.9	−4.5	−1.3	−0.3
カラマツ林	1〜3	−12.5	−6.0	−1.5	−0.3
トドマツ林	0.5〜1	−13.0	−8.5	−4.5	−2.3
裸地	−	−24.4	−10.9	−9.5	−6.9

土壌凍結深度はトドマツ林で約50 cm，落葉層の種類と厚さによってかなり異なる．1979年12月〜1980年2月

三〇〜六〇センチメートルの深さまで凍結し、落葉層の厚さは林の種類でかなり異なるが一〜五センチメートル程度である。表1から、裸地の最低気温は林内より10℃以上も低いことがわかる。また裸地の地温は林内の地温より数度も低い。

iii　生活形と耐凍度

越冬芽の位置に注目し類別した生活形の考え方から、植物は越冬芽の耐凍度の程度に対応して越冬場所を選択しているという考え方が導かれる。すなわち耐凍度の低い越冬芽ほど、厳しい低温や乾燥を避けて地中の安全なところで越冬すると考えられる。この考えを確かめるためには、越冬芽がさらされる低温と耐凍度との関係を調べればよい。そこで、積雪が少ない北大苫小牧演習林で、おもに落葉樹林の林床に生育する、異なる生活形をもつ四五種の植物について、吉江が前記の関係を調査したところ、越冬芽の耐凍度の順位は、それらがさらされる寒さの程度によく対応していることが明らかになった[*138](図46)。すなわち越冬芽の耐凍度は地上植物(−25〜−60℃)が最も高く、地表植物(−25〜−60℃弱)、半地中植物(約−20℃)の順に低下し、地中植物(−5〜−10℃)が最も低かった。また同一植物では、落葉層の上部に出ている茎は下部にあるも

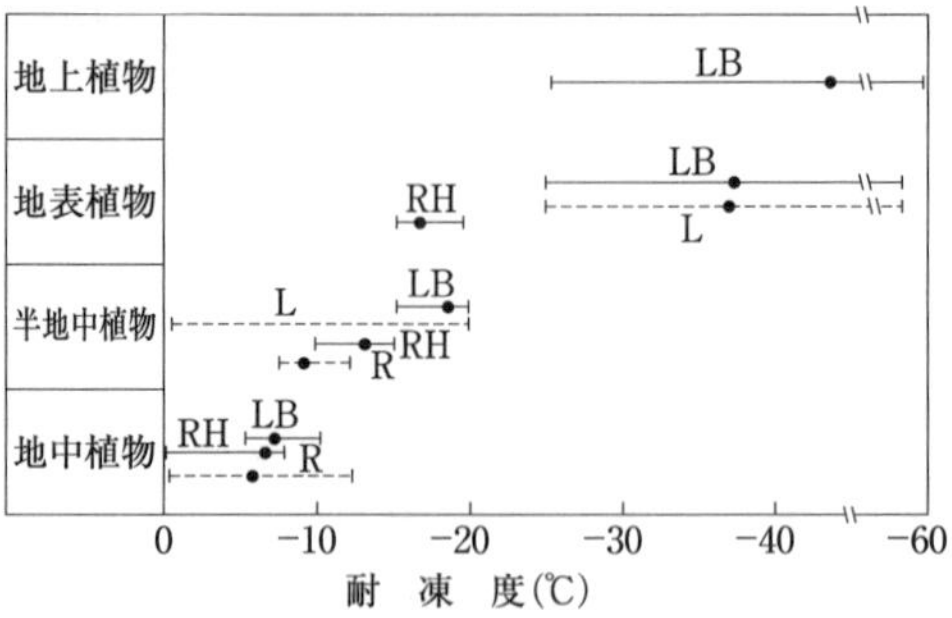

図 46　落葉樹林の林床植物の生活形との関連から見た植物の耐凍度．耐凍度は 12 月に採集し，−3℃ でハードニングしてから測定．線上の黒丸は平均値を示す．L：葉，LB：越冬芽，RH：根茎，R：根[*138]

のより、また根では地下から地表に近づくほど耐凍度が高まる傾向が明らかになった。また半地中植物の根茎について、低温が緩和される林床に生活しているものと、厳しく冷え込む裸地に生活しているものとを比べると、裸地の方が耐凍度がかなり高かった。こうして植物は生活形や生活場所を選択して、危険な低温を緩和したり、避けたりしている[*139]。寒さが厳しい北海道の落葉樹林の林床の植物は、高木や灌木と違い、積雪の庇護下で越冬するものが多い。こうした植物は、早い時期に確実に積雪で覆われるような生活形や生活場所を選択して生きている。生活形の選択は、気象条件がさらに厳しいツンドラや高山帯では一層重要性を帯び、このような場所で生きる植物は、地中植物か地表植物に限られる。ツンドラ地帯では、こうした生活形を選択することによって、夏は地表近くの高温域を利用して効率よく物質を生産し、冬はわずかな積雪でも、長く厳しい乾燥や低温を越冬できる。そのうえ、雪解け水を利用できる利点もある。

(2) 温帯植物の耐寒・越冬戦略

土壌が持続的に凍結する、長く厳しい冬のある冷温帯では、高木の常緑広葉樹は見られない。また、そこでは草本植物や低木は積雪下でないと越冬できない。そのため前に説明したように、これらの植物は積雪下で越冬できるような生活形と生育地を選択している。また植物にとっては、種子、胞子、芽胞といったストレス耐性の高い発育段階を選んで越冬することも非常に重要になる。

低木や草本植物と違い、雪面上で長く厳しい冬を越す高木の落葉広葉樹や針葉樹は、日長休眠によって季節適応を獲得し、−30℃以下の耐凍度や冬の乾燥耐性を獲得することが必要である。さらに長期にわたり土壌や幹が凍結し、厳しい寒さと乾燥が続く亜寒帯地域で越冬している木本植物は、−70℃近い耐凍度の獲得と、芽や枝葉、幹からの水分喪失を防止する仕組みと脱水耐性の獲得が極めて重要になる。

冷温帯における植物の越冬戦略(耐寒・耐乾戦略)は次のようにまとめられる。

① 低温・乾燥ストレス回避(個体レベル)

a 空間的回避

・生活形の選択(地上植物、地表植物、半地中植物、地中植物)
・生育地の選択(林床、裸地、積雪地、温暖斜面、低地、土壌条件)
・生育形の選択(常緑性―落葉性[†1]、一年生、多年生)

b　時間的回避

・越冬する発育段階の選択

・種子や胞子の形成と分散時期の選択[†2]（実生の生き残り作戦）

・開花・結実時期の選択（越冬前後）（繁殖の成功度向上）[*58・59・60]

② 低温・乾燥ストレス耐性の獲得（組織・器官レベル、I―4、6参照）

a　耐凍性（凍結脱水に対する耐性）の獲得とその増大

・細胞外凍結（草本類、木本類の常緑葉、皮層組織、根など）

・器官外凍結（木本植物の芽、花芽、種子など胚的構造をもつ器官）

b　凍結回避

・過冷却能の獲得（広葉樹の木部放射組織、ヤシの葉など）

・乾燥耐性獲得による凍結回避（強度の乾燥耐性獲得―乾燥耐性種子、花粉、胞子など）

③ 個体レベルの耐乾燥性（越冬芽、花芽、葉、茎や幹など、被覆による水の喪失防止）と環境かく乱（洪水、台風、火事など）後の個体再生・更新能力の増大

④ 種レベルでの集団遺伝学的適応

種内の各生育地集団ごとに必要な越冬耐性の獲得：生態遺伝的分化（I―7、8参照）

⑤ 集団化（森林、草原、群生）による各種ストレス緩和と、環境かく乱後の再生・更新能力と環境適応能力の増大

†1　常緑性―落葉性の選択

葉一枚当たりの光合成による炭素の獲得量の積算値は、光合成による炭素固定量の積算値から葉の製造コストと維持費(呼吸)を差し引いた値になる。[12・46] また葉の光合成の効率は生理的な老化により時間とともに低下してゆくので、光合成の効率を高く維持するためには、適期に葉を入れ替える必要がある。そして葉の製造コストに投資した炭素量を光合成によって回収するに要する期間が葉の最短寿命と考えられる。

冬寒い温帯では、葉を越冬させることができないので、強制的に葉の寿命が短縮される。生育期間の短縮に対して、落葉広葉樹は機械的な強度に欠ける薄っぺらで機能的な葉を作り、生産を年間三～四カ月間の夏に集中し、高温と強い光を利用し、夏が終わると葉を落とす。一方、越冬する常緑植物は長もちする複雑な構造をした、製造コストの高い葉を作り、葉に投資したコストを葉の寿命を長くして何年もかけて回収する。[46] 常緑広葉樹の葉は年間を通じて光合成するが、落葉樹の葉と比べ光合成能力が低く、より耐陰性で寒さや乾燥に耐えることができる。一般に植物が落葉性と常緑性のいずれをとるかの戦略では、葉への投資と利潤の原則のほか、植物が目的とする葉、たとえば生産効率の高い葉とか、寒さや乾燥に特別耐えられる、しかも耐久性のある葉など、それぞれの植物の長期的戦略も複雑にからむ。高山帯やツンドラ地帯に広く分布するコケモモはすべて常緑性であり、クロマメノキはすべて落葉性である。また世界中、温帯、熱帯、ツンドラ地帯にも広く分布するヤナギはすべて落葉性である。

†2　種子の散布時期と発芽要求温度

アラスカの樹林地帯にある高木のヤナギは六月一〇日頃に開花し、七月初めに種子を散布するので、実生には三カ月の生育期間がある。夏に散布される種子は5～25℃の温度範囲で発芽し、種子の寿命は短い。[15] しかし北極海に近いツンドラ地帯では、矮性ヤナギは気温が低いために、種子散布は七月の終わりから九月初め頃で、発芽後の生育期間は短い。七月一五日に採取した種子は、播種すると正常に発芽し実生に発達した。しかし七月三〇日に採種播種したものは、25℃で四二%、20℃以下では二三%以下であった。九月初めのものでは、その発芽率はさらに低く、自然状態（地温5℃）ではまったく発芽しなかった。[41] なお、秋の種子でも5℃で湿層処理するとかなり発芽した。[15・41] 秋散布種子に見られる高い発芽要求温度は、秋の発芽を防ぎ、翌春発芽するための生き残り作戦と考えられる。同じような適応が北海道のシラカバの種子でも報告されている。[54]

13　極限の生育環境に生きる南極の植物

南極大陸は、大部分が平均二五〇〇メートルを超す大陸氷床で覆われ、周縁は南極海に取り囲まれ、周辺の大陸から隔離されている。南極大陸で氷床に覆われていない露岩地帯は約三%にすぎず、しかも栄養分と水分をとどめておく土壌が発達していない。年間降水量は二〇〇〜二五〇ミリメートル、夏の季節でも降水量は少なく、しかもその大部分は植物が直接利用できない雪や氷である。そのうえ南極半島の南西部(図47、P)を除いて南極大陸の大部分は、最暖月でも月平均気温が0℃を上回らない。さらに、南極では風が強い。こうした極地砂漠の環境下で植物が生活するためには、越冬能力のほか、0℃近い低温下で高い光合成能をもつことが要求される。また雪解け水の供給が得られるような生育場所の選択が極めて重要となる。こうした南極では、ユスリカ、トビムシ、ダニなどハネのない昆虫のほかワムシ、クマムシ、センチュウなどの下等動物が、地衣、苔類、藻類、菌類の植物群落を住処として生態系を作っている。南極半島の西南部のみは月平均気温が6℃を上回り、そこにだけ種子植物(二種類の顕花植物)が分布する。なお南極大陸の沿岸部にある昭和基地

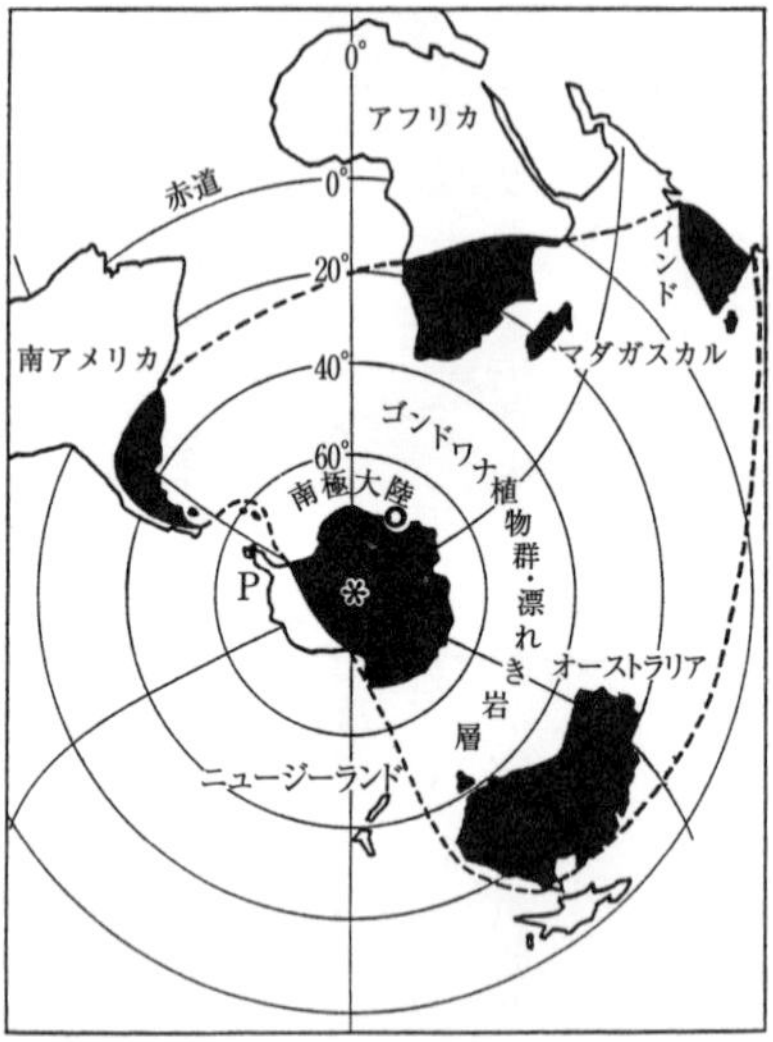

図47　ゴンドワナ植物群と古生代末に氷河の流動によりその基盤に擦痕をもつ漂れき岩の分布範囲(黒い部分)*[51]．○：昭和基地，P：南極半島

(図47、○)で積雪がないのは約二カ月間だけで、平均気温は最暖月の一月で－1℃、最寒月は約－30℃、年間降水量は二〇〇〜二五〇ミリメートルである。

(1)　南極の植物の歴史

古生代中頃(三億六〇〇〇万年前)から中生代中頃のジュラ紀(一億五〇〇〇万年前)にかけて、南極大陸、南米、アフリカ、インド、オーストラリアを合わせたゴンドワナ大陸があった。中生代になるとゴンドワナ大陸も温かくなり、氷床は消失した。ついで乾燥気候が支配的になると両生類や爬虫類が繁栄し、シダの大木や針葉樹が茂るようになった。その後、ジュラ紀になりゴンドワナ大陸が解体を始め、まずインドが北へ、アフリカが東へ動き始めた。ついで白亜紀(一億三〇〇〇万年前)に南米がアフリカから離れ、西に移動して大西洋が生まれた。最後は第三紀初め(五〇〇〇万年前)、オーストラリアが南極大陸と離れて北に動き始めた。そしてゴンドワナ大陸は南極大陸を残して離れ離れになり、現在の分布になった。ゴンドワナ大陸に古生代から中生代に共通して栄えた植物群をゴンドワナ植物群と呼ぶ。ゴンドワナ植物群と、古生代末の氷河の流動によりその基盤に擦痕をもつ漂れき岩の分布を図47に示す。南極が植物地理学上で重要視されるようになったのは、ゴンドワナ大陸起源の諸大陸の現在の植物相が非常に類似しており、しかもかなり多くの属や種が、これらの地域に限定して分布していることがわかったからである。

第三紀の初め頃には、南極大陸はすでに現在とほぼ同じ位置にあり、氷河が存在していたようだ。しかしその時代の南極は、岩と氷だけの殺風景なものではなく、緑の林の彼方に上昇し始めた南極山脈があり、そこには温帯氷河がかかり、太陽に照らされて白く輝いていた。ちょうど現在のニュージーランドやチリ南部のパタゴニアの風景が想像されている。[*51] その後、第三紀の中新世以降(二八〇〇万年前)に起きた気温の低下に伴って、それまで南極に分布していた多くの高等植物は、ほとんど姿を消したものと考えられる。なお南極に氷床が最大限に発達したのは、まだ降水量が多かった第三紀末頃(一七〇〇万年前)と考えられている。

(2)　昭和基地周辺のコケ類

南極に分布するコケ類(苔類とセン類)は、体制の分化が進んでいるセン類が八〇%を占めている。これらコケ類の特徴は、その種数が極端に少なく、しかも世界的に広汎に分布する種類が多いことである。このことは、氷期に南極で生き延びた固有種は少なく、氷期以後の温暖な時期に、周辺地域から南極に移住して定着したことを示唆している。

図48　西オングル島の昭和基地近くでのコケの群落（神田啓史撮影）

昭和基地周辺で最も優勢なコケはヤノウエノアカゴケ、オオハリガネゴケで、厚さ二〜三センチメートルから一〇センチメートルにも達する大群落を作る（図48）。昭和基地周辺では、コケの生活は雪解け水の供給が受けられる場所に限られる。そして土壌表面に接して低い芝生状に密集したコケの団塊は、温度や水分を保持するのに適した生活形をとっている。昭和基地の一月の平均気温は約−1℃だが、コケ群集の表面温度は晴天の日中には日射のため10〜20℃まで高まる。[*65] またコケ類は一般に高い乾燥耐性をもっているが、水分の低下により光合成能や呼吸能が急速に低下する。そのためコケ類は水の供給のないところでは生活できない。昭和基地周辺では一〇〇年を超すコケの団塊が報告されている。

(3)　南極で花を咲かせたエゾマメヤナギ

大雪山の黒岳石室近くの風衝地には、地面にほふくした極地性のエゾマメヤナギが生育している。五ミリメートルほどの小さい丸い葉が地表面に群集しているが、茎が見られないので、どう見ても

「マメヤナギ」南極で咲く

昭和基地に咲いたマメヤナギの花＝ふじ発国際電電・電送

【昭和基地で高木特派員二十一日発】昭和基地に植えた「マメヤナギ」に初めて花が開いた。

これは北大低温科学研究所の酒井昭教授が、寒さに強い日本の植物が、南極圏で越冬できるかどうかを調べるため、隊員に託して昨年一月に植えた五株のうちの一株である。木の長さは十数㌢。黄色味をおびたシベや花ビラのようなものが見える。

この計画は、一昨年から始り、南極の植物相を汚さないよう、私を滅菌したミズゴケで包み、コケの生えている岩陰の土に植えた。一昨年植えたものは、全部枯れてしまったが、こんどは太陽のない冬を越えて、見事に花をつけた。

図 49　南極昭和基地近くで越冬後花を咲かせたエゾマメヤナギ．朝日新聞（1969 年 1 月 24 日）〈朝日新聞社提供〉

ヤナギとは思えない。学名は *Salix pauciflora* である。細い茎は地表面に沿って四方に延び、比較的太い根が地表面下を水平に一メートルほど延びている。地球上には極地性や高山性の矮小なヤナギが一二〇種ほどあるが、エゾマメヤナギは日本では大雪山にしか分布していない唯一の極地性のヤナギである。その変種は、現在、シベリア、トランスバイカルやアルタイ山脈に分布している。エゾマメヤナギは氷河時代にハイマツなどとともに北海道に南下し、現在、大雪山に遺存分布する。

この特別に耐凍度が高いマメヤナギなら、南極の昭和基地でも無事越冬でき、もし花芽があれば不毛の南極で花を咲かせるかもしれないと考えた。そこで正式な了解を得て、南極越冬隊員に依頼して、滅菌した水苔に包んだマメヤナギを昭和基地近くの野外に植えてもらった。このエゾマメヤナギは約一〇カ月に及ぶ、最低温度 −25℃ に達する積雪下で越冬した後、五株のうち一株が花を付けた。一九六九年一月末、「不毛の南極にヤナギの花が咲く」と各新聞社やテレビ局は一斉に明るいニュースを報じた(図49)。しかし南極のように夏の長さが一～二カ月で、しかもその気温が0℃と低く、土壌がなく、地温が0℃近い条件下では根が生長できないし、次の夏を生きるために必要な葉芽も作れないため、これらのヤナギはやがて枯死した。

(4)　極限の環境に生きる藻類

i　ドライバレーの緑藻

南緯七八度の乾燥した露岩地帯、ドライバレーの夏の気温は氷点下で、夕方には－15℃にも下がる。そのうえ、雪が降っても風で飛ばされるか、昇華してしまい、水分がほとんど供給されない。こうした極地砂漠地帯の砂岩の表面下数ミリメートルの間隙で、地衣類と緑藻類が生育していることが発見された。[*23] こうした砂岩表面近くは半透明で多孔質なため、日中は日射で温められ、しかも光や水分がその表面下数ミリメートル程度の内部にまで浸透する。そこに緑藻(クロロコックム目の*Hemichloris antartica*)が生活している。この藻類の生育空間には、岩の表面で受ける光量の〇・一%程度の光しか透過しないが、そこには日射でわずかな光と温度が与えられ、ある程度の水分があるため、外界の厳しい乾燥と低温環境から守られた生命の避難場所となっている。

ii　極限状態での地衣類の生活

南ビクトリアランドの山岳地帯(南緯七七度三六分、標高一六五〇メートル)の露岩地帯では、夏の間、風が強く乾燥気候が支配している。日周気温は、日中の最高温度が－６℃、夜間の最低温度は－15℃以下に冷え込む。ドイツのカッペン[*43]は、この地での地衣類の、微気象、光合成能などを詳しく調査している。こうした高地の露岩地帯でも、条件の良いところ、たとえば陽の当たる、夏の降雪がたまりやすい、緩斜面の小さいくぼ地や岩の表面下五～一〇ミリメートルの多孔質の部位に地衣類が住み着いている。こうした場所では日中の気温は－７～－10℃と氷点下だが、日射で露岩

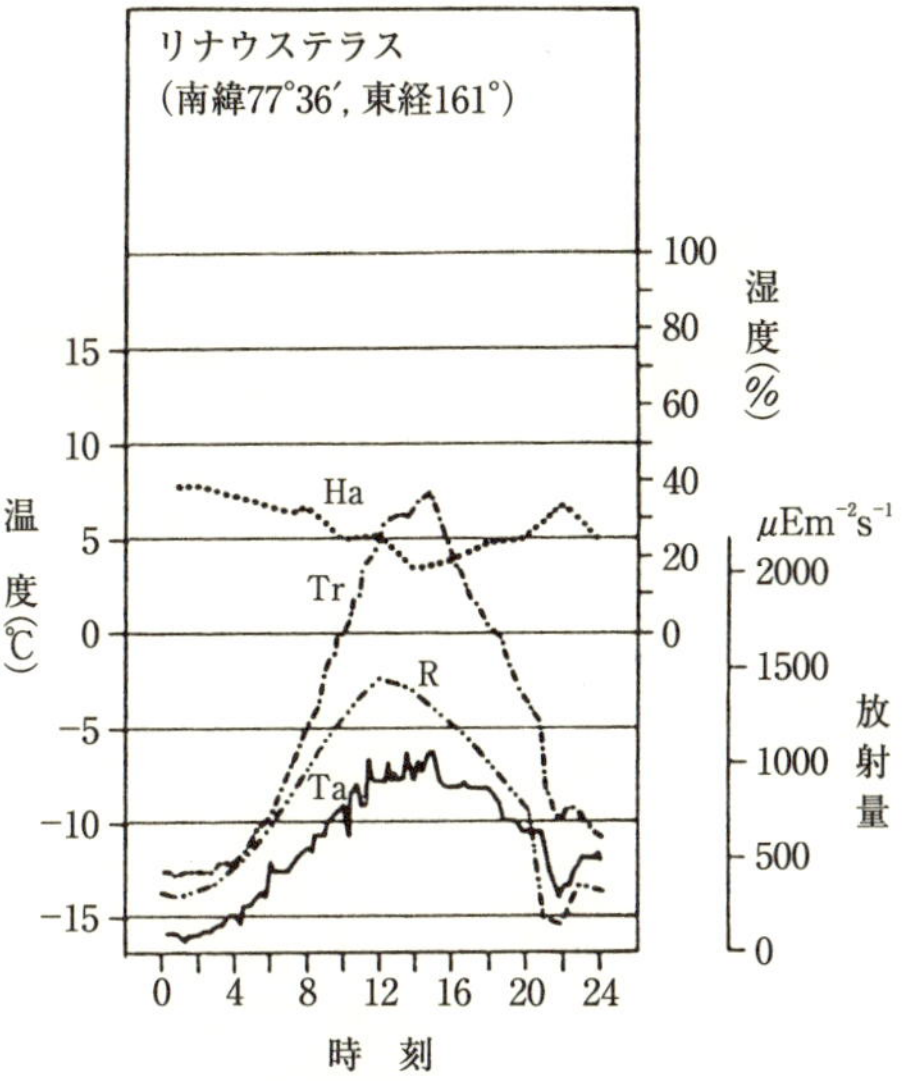

図 50　極限状態で生育する地衣の微気象．Ha：空中湿度(rh%)，Ta：気温，Tr：岩の表面温度，R：照射量[*43]

の最高温度は約５℃まで上がる。したがって、地衣の住処の温度は数時間は０℃以上に保たれた後、夜間は再び－15℃以下に下がる(図50)。ここに生活している地衣(*Buellia*)は黒い色素をもち、これが放射エネルギーを吸収すると同時に、紫外線に対するフィルターの役割も果たしている。この地衣類の光合成の適温は光の条件によって異なるが２～６℃で、温度が10℃以上に高まると光合成能が急速に低下する。なお、昭和基地から二五〇〇キロメー

トル内陸に位置するヤマト山脈の裸峰上にも地衣類が生活していることが明らかにされている。

砂岩の表面は多孔質で透明なため、光や水分がその表面下数ミリメートル程度の内部にまで浸透する。そうした岩の表面の間隙に生きる藻類や地衣類は、0℃近くの低温下で弱い光を活用して光合成を行い、生き長らえている。地球上で最も苛酷な極地砂漠で、こうした住処が藻類や地衣類の生命の避難所になっているのである。もし火星に微生物や下等生物がかつて棲息していたならば、おそらくこうした場所が生命の避難所となっていたのであろう。

iii　火星無人探査機の役割

二一世紀初頭にかけての火星探査の主要なテーマは、①地球と同じく三十数億年前に火星でも生命が誕生したと推測されるが、今も火星に微生物が細々とでも生きているかどうか、②それらは、すでに絶滅してしまったのか、③それとも火星では生命はまったく発生しなかったのか、である。これらの疑問に答えが出るのも遠くはないであろう。

火星は地球の半分ほどの大きさで、火星を取り巻く大気の圧力は七ヘクトパスカルである。大気といっても九五%が炭酸ガスで、窒素が三%、酸素が〇・四%、水蒸気も少ない。火星には昼夜と四季がある。表面温度はたえず変化しているが、平均して－40℃、地球の平均表面温度の15℃と比べて極めて低く、さらに極地方は－140℃にもなる。このような低い温度と低い気圧のために、火星表面は乾燥した砂漠状態である。しかし地球と同じ成因でできた惑星であるとの観点から、寒冷乾燥した火星にも永久凍土があり、厚さは五〇〇メートルだったといわれている。この地下氷は今も火星に存在しているだろうか。将来、火星探査機がこれにも解答を与えてくれるであろう。

補論　生命の長期超低温保存と次世代への継承

1　種子の一〇〇〇《ミレニアム》年低温貯蔵計画

野生植物は遺伝的性質が少しずつ異なる種子を大量に散布する。これらの種子は発芽伸長に必要な養分と、その種が進化してきた遺伝情報をもっている。ばらまかれた種は吸水してすぐ発芽するものもあるが、土に埋もれて翌年の春か、あるいは何年かのちに発芽するものもある。また乾燥地のマツ、ユーカリ、アカシアなどの種子は、火事で高温にさらされ初めて発芽する。ことに降水時期が不安定な砂漠の植物は、同時に一斉発芽しないで、何年にも分けて発芽する仕組みをもっている。こうした危険分散の仕組みは植物のひとつの重要な生存戦略である。とにかく種子は、植物が作り上げた最高の傑作である。

熱帯雨林や熱帯果樹の種子は大きく、寿命が短く、低温に敏感で、しかも乾燥に耐えられないものが多い。それに対して温帯植物の種子は、乾燥に耐え、長く貯蔵できるものが多い。数%の含水量にまで乾燥された種子は、生理、生化学的機能を停止し、休止状態で長く生きながらえる[*11・130]。こうした乾燥された種子では、室温で細胞がガラス状態に固化しているといわれている。ガラス状態では粘性が非常に高いために水分子の拡散を伴う化学反応が停止するし、また水の蒸気圧が非常に小さいために脱水や収縮が起こりにくい。こうしたことによって、乾燥種子は休止状態で生命を長く維持できると考えられている。しかし乾燥種子がたとえガラス状態であるとしても、室温ではその状態は不安定である。そのため、乾燥種子の長期保存は－20℃以下の低温で行われる。

(1)　埋土種子の寿命

一九二七年大賀は、中国東北部の南部にある普蘭店付近の泥炭層からハスの種子を掘り出し、これを発芽させて植物体を得た。四年後、大賀は湖の乾涸時期にハスの種子を採集し、その地層を一二〇〜一三〇年前のものと推定した。その後、大賀が集めた種子について同位元素^{14}Cを用いた年代測定が行われ、一〇四〇±二一〇年前のものと推定された。さらに同じ普蘭店で一九八二年に中国の植物学者が掘り出したハスの種子は、^{14}Cテストで四六六±一〇〇年前のものと推定された。*81 このように、現在から二〇年ほど前には、発掘種子の年齢の同定はかなり困難であったと思われる。まして や考古学的発掘、あるいは古い地層から見出されたというだけでは、周囲と同時代のものであるとは断定できない場合が多い。その意味で種子齢が最も確実なのは、建造物の基礎石の中に保存された種子や博物館貯蔵の標本種子である。第二次大戦中にドイツのニュルンベルクで、破壊された一八三二年建造の劇場の基礎石から、ガラスビンに入れ貯蔵されていた数種類の種子（種子齢一二四年）が見つかった。これらを発芽試験したところ、オオムギ（二五粒中三粒）とエン麦（三二粒中七粒)が一二四年貯蔵後に発芽した。また大英博物館所蔵の種子について発芽試験が行われ[*81]、キョウチクトウの種子が二四七年、ネムノキの種子が一四七年貯蔵後に発芽した。硬実種子 hard seed は、種皮が水を吸水膨潤しないので、非硬実種子よりも水分量が少なく、また外界の湿度変動にも影響されることが少ない。そのうえ高温高湿下でも風化の程度が少なく、発芽力が保たれやすい。硬実を生ずる植物はマメ科の植物に多く、長期保存された記録があるハスやネムノキの種子も硬実種子である。また乾燥地の植物の種子には硬実種子が多い。

(2)　乾燥種子の半永久保存

生重量当たり数%の含水量まで脱水されても生きていられる乾燥耐性の種子は、乾燥後密封した容器に入れて−20℃以下の低温に置けば、かなり長く保存できる。しかし乾燥貯蔵できる種子でも、長い期間−10℃や−20℃に置けば、貯蔵中に種子の老化、酵素活性の低下、有害物質の蓄積、貯蔵物質の枯渇、染色体異常、DNA 損傷などが起こる[*81]。そのためアメリカのコロラド州にある国立種子貯蔵所では、穀類などの重要な種子は乾燥させて容器に入れ、液体窒素(−196℃)を入れたタンクの液面上の気相(−150℃)で半永久的に保存されている(図51)[*122]。

(3)　保存困難な熱帯樹種の種子

熱帯雨林や熱帯果樹の種子は寿命が短く、15℃以下の冷温に敏感で、種子の含水が三〇〜四〇%

以下になると発芽力を失うものが多い。そのため熱帯種子をどのような方法で長期保存するかが国際的に大きな問題である。現在、熱帯雨林のなかの約一〇%の種子は、胚軸を取り出し、約二〇%の含水量まで乾燥させ、液体窒素に保存していて、必要に応じて無菌培地上で育てることができる。

図51　アメリカのコロラド州にある国立種子貯蔵所での，液体窒素の気相(−150°C)を利用した乾燥種子の長期保存(著者撮影)

(4)　英国王立キュー植物園の種子一〇〇〇《ミレニアム》年貯蔵計画(MSB)

近年、人口の増加に伴う農地の拡大、自然環境の悪化などの理由のために、絶滅する植物の種数が急激に増大している。このまま推移すると次の五〇年間に地球上の植物種の約二五%が絶滅消失すると予測されている。そのため現在の自然植生を保存する戦略のひとつの方法として、ロンドンにあるキュー植物園は、地球上に現存する顕花植物約二四万種のうちの一〇%、すなわち約二万種を集め貯蔵する計画を立てた。同一種でも産地によって遺伝的変異があるため、一種について異なる五つの生育地から採取する。二〇一〇年までに二二名の専門スタッフで、木本と草本植物の種子を世界中から採集する計画である。[*121] こうして集められた種子はキュー植物園内の特殊設備（－20℃）で一〇〇〇年間保存される。この計画は、自然植生が保有する遺伝資源や遺伝的な多様性を保存するのが目的である。なお顕花植物の多くは熱帯圏に多いが、すでに説明したように熱帯植物の種子の多くは乾燥に耐えないので種子保存が困難である。そのため、この計画では絶滅の危険が高い乾燥地の植物の保存に主力がおかれている。採集後、乾燥され－20℃の温度で貯蔵される種子は、貯蔵中には自然の生育環境から離されるので進化は起こらない。一〇〇〇年という時間は、木本植物では樹齢を三〇〇年とみれば三世代にすぎないが、短命な草本植物にとっては長い時間である。もしこれらの草本種子が一〇〇〇年後に生きていて植物になったとき、一〇〇〇年間自然条件下で進化にさらされてきた同一種の自然植物と比べ、どんな差違が生じているだろうか。その比較対照の材料にもなりうる。

この計画のための基礎的研究、設備、採集計画、研究者の養成が着々と進められている。要する推定総資金約一五〇億円は、国や民間の多方面からの寄付でまかなわれ、その大半はすでに確保されたと聞いている。

2　熱帯植物の長期保存技術の開発

(1)　植物遺伝資源保存の必要性

地球上の急激な人口増加と開発途上国の経済発展によって、今後、二〇～三〇年の間に現在の一倍半以上の食糧の増産が必要といわれている。したがって将来の食糧の増産と改良のために、現在活用されている栽培植物と在来種、それとごく近縁で、交配などに利用できる関連の野生植物を確保し、保存しておくことが必要である。

また熱帯圏では、食糧を確保するために熱帯林を伐採して農地や牧野を拡大したり、木材利用のために熱帯林が大量に伐採されたりしている。そのため環境汚染や異常気象、ことに干ばつが起こり、多くの野生植物が絶滅したり、危機に瀕している。したがって主要な熱帯林の少なくとも約三〇%を、伐採を禁じた国立公園または保護林として長く管理保存し、そこで熱帯林が自ら更新し、またそこに生きる生物に進化の舞台を提供することが必要である。こうして初めて自然植生のもつ生態的ネットワークを維持しながら、遺伝的多様性を保持することができると思う。それとともに、これらの貴重な遺伝資源(食用植物、果樹、香辛や嗜好植物、薬用植物、熱帯森林樹種、ランなどの観賞植物、藻類、菌類)がなくなる前に収集・保存し、将来の人類に継承することも、緊急を要する重要課題である。そして一九六六年の国連で、植物遺伝資源の保存と持続利用についての国際協力事業が承認された。

ことに熱帯では、植物の種類が温帯に比べ圧倒的に多く、未知で無限の可能性をもつ遺伝資源が多いにもかかわらず、その多くは種子で保存できない。そのため熱帯植物から無菌培養した細胞、茎頂(生長点)や不定胚などの培養植物を人工条件下で保存することが特別に重要となる。現在ローマにある国際遺伝資源保存研究所(IPGRI)が中心となって、各国際研究機関や各国の研究機関と協力して、地球上の遺伝資源の収集と保存に取り組んでいる。それぞれの国が保有する植物遺伝資源は自国の貴重な財産である。長期保存し、将来、その利用と開発を図ることが極めて重要である。

(2)　植物遺伝資源の保存法

植物遺伝資源の保存方法は、次の二つに大別される。

①　自然の植生内(*in situ*)で自生植物として維持保存したり、伐採を禁じられた保存林や国立公園内で管理保存する。とくに熱帯林樹種では *in situ* 保存が必要である。

②　重要な栽培植物、希少植物や絶滅に瀕している植物を自然植生から切り離して(*ex situ*)保存

する方法は、さらに次のように分類される。

・種子バンク（貯蔵可能な乾燥耐性種子を－５～－20℃で保存）
・野外ジーンバンク（栄養繁殖植物を野外に植えて保存）（図52）
・培養植物バンク（ガラスやプラスチック容器内で培養植物を継代保存）（図53）
・長期超低温保存（培養細胞、茎頂、不定胚などを－150℃以下の超低温で長期保存）

穀類やその他の乾燥に耐える種子は、比較的簡単に種子バンク（－５～－20℃）で長期保存できる。しかし乾燥や低温に耐えられない種子、または種子ができないか、種子が利用できない果樹やイモ類などの栄養繁殖植物は、野外に植えて保存している。図52はアメリカのジーンバンクで、世界中のリンゴやブドウの野生種と栽培種（それぞれ約一五〇〇系統）を野外で栽培して維持している。しかし、こうした野外ジーンバンクを長年維持する

図52　ブドウ，リンゴの野外ジーンバンク（ニューヨーク州，ジェネバ）．上：ブドウ（1500種），下：リンゴ（2000種）（著者撮影）

図53　熱帯植物の培養植物バンク（タイの国立バイオテクノロジー研究所）（25℃で継代培養して保存）（著者撮影）．熱帯林木，ショウガなどは，まだ超低温保存ができない

ためには莫大な経費、労力、土地を必要とするほか、長年の保存中には異常気象や病害のため枯死する植物も少なくない。そのためこうした野外ジーンバンクと併用して、栄養繁殖植物の保存には、茎の先端の分裂組織（生長点）の培養によって得られた容器内培養植物（図53）を一定期間ごとに植え継いで保存する培養植物バンクがある。この培養植物は無菌培養されているし、茎頂（図54）を使い遺伝的に同じ植物が大量増殖（クローン増殖）できるために、遺伝資源の国際的交流にも利用されている。しかしこの保存方法では、多量の植物を定期的に植え継ぐ労力のほか、保管する広いスペースや維持する経費が必要となる。また保存中に遺伝的変化の起こるおそれもある。したがってこれらの保存方法は一～五年間の短期か中期的な保存にしか利用できない。長期保存には、培養植物から切り取った茎頂（一ミリメートル）を約二ミリリットルの小さいプラスチック容器に入れ、液体窒素を用いて－150℃以下の超低温で保存するのが理想である。この方法では、広い面積をとらず、安全に低コストで保存できる利点がある。なお－150℃以下の温度では分子運動はほとんど抑えられ、物質代謝や遺伝的変化

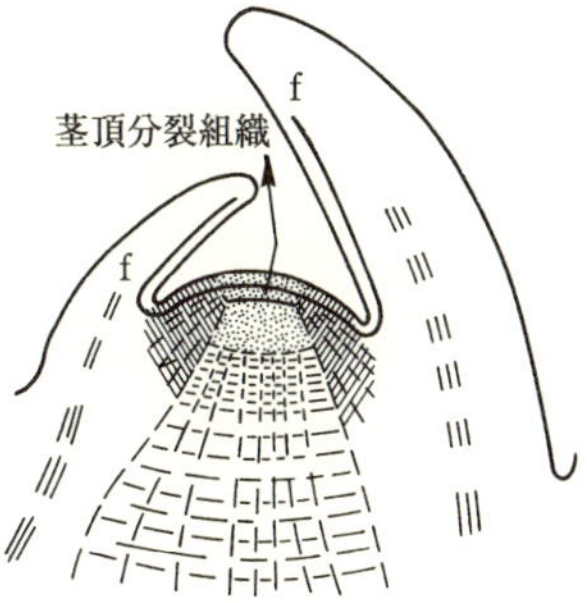

図 54　培養植物の茎頂の模式図．先端部に茎頂分裂組織があり，そこから新しい茎が伸長する．f：葉原基

が起こらず、生物細胞や組織をガラス状態で半永久的に貯蔵できる。そのうえ東南アジア諸国では液体窒素が低価格である。すでに説明したようにリンゴ、クワなどの耐凍性の高い冬芽は、−30℃か−40℃まで凍結脱水後、液体窒素に冷却し、融解後、台木に芽接ぎするか、芽の茎頂を培養して個体に再生させられる。アメリカでは約二〇〇〇種類以上のリンゴの芽がこの方法で、すでに約−150℃で長期保存されている。リンゴ以外の耐凍性の高い果樹の冬芽の保存も現在進められている。

(3)　従来の超低温保存法

一九八〇年代前半までは、培養細胞や茎頂の液体窒素保存は、−30〜−40℃まで冷却して十分に凍結脱水してから液体窒素に冷却する予備凍結法[*108]（I—5参照）で行われていた。この方法では、一定速度で冷却し凍結脱水するために、高価なプログラムフリーザーを必要とするし、操作が面倒で、しかも操作に数時間を要した。そのうえ、耐凍性のない試料に使用することが難しかった。そのため今後ますます重要になる熱帯植物の遺伝資源保存では、凍結脱水に代わる比較的簡単で効率的な方法の開発が急務であった。

(4)　ガラス化法による熱帯植物の－196℃保存法の開発——最後のゴールを目指して

私が取り上げた具体的な問題は、本書第I部3章と5章ですでに指摘したように、培養植物から切り出した約一ミリメートルの茎頂を、グリセリンや糖を含む濃厚なガラス化液の中で室温で数分間、浸透圧を利用して脱水濃縮したのち、室温から液体窒素中に急冷して、ガラス化させて生かし、これを植物体に再生させる技術である。

一九八八年アメリカから帰国後、国からの科学研究費助成の見込みがないため、自分の費用で、この問題に一人で取り組むことにした。六八歳の春であった。もちろん研究室もなく、共同研究者もいなかった。帰国後、まず東京の秋葉原で、英文と和文の論文作成のためのパソコンとソフトを購入した。パソコンは初めてで、家で難しいマニュアルを少しずつ理解しながら一人で手習いを始めた。片手一本ずつの二本の指でのキイたたきである。しかし、なんとしても「テクノサリュウス」にはなりたくなかった。このときの努力のおかげで、その後、自宅で英文論文を作成したり、電子メールで内外の研究者と情報を交換することができるようになった。

i　技術開発の核心

人工的に培養されている植物から約一ミリメートルの大きさに切り取った茎頂(図54参照)を、－196℃で生かすためには、茎頂を濃いガラス化液中で脱水したのち、液体窒素に冷却してガラス化させることが必要である。そのためには、次の二つを解決することが必要であった。まず薬害の少ない有効な浸透脱水剤（ガラス化液）の開発である。次の問題は、25℃の最適な生育条件下で培養されている植物は脱水耐性をもたないので、これに脱水耐性を付与することである。

最初に、有効なガラス化液を見出すことが必要であった。そこで、長年の知人である広島県安芸津にある果樹試験場支場の小林省三さんの協力を求めた。そこに出向いて、自分で数種類の溶質を異なる割合に組み合わせた多数の溶液を作り、オレンジの珠心胚細胞をそれらの液に一〜二分間浸して脱水したのち、液体窒素中に急冷し、生存率からそれぞれの液の効果を検討した。一年に五回（一回につき五日間ほど旅館に宿泊）、札幌から安芸津の実験室に出かけ、こうした実験を自分で行った。実験は失敗の連続であった。しかし五回目の安芸津訪問の最終日に、ついに九〇％の高い生存率を得ることに成功した。このときのガラス化液をPVS2[*110]と名付けた。これはグリセリンを主体にした約八モルの濃い液で、国際的に現在も最も多く使用されているガラス化液である。

幸いにも、オレンジの珠心胚細胞は高い脱水耐性をもっていたので、細胞をPVS2液に二分間浸して脱水後、液体窒素に急冷すると細胞もPVS2液もガラス化し、温水中で急速に温められた細胞は約九〇％が生きていた。しかし脱水耐性をもたないほかの多くの培養細胞や茎頂は、この方法で生かすことはできなかった。そこで、次に解決すべき難しい問題は、切り取った培養茎頂に脱水耐性を付与する方法であった。培養植物から切り取った茎頂を、〇・三モルのスクロースを含む寒天培地上で一六時間培養して、茎頂の細胞内に大量の糖を取り込ませてみた。しかし糖での培養だけでは、茎頂の細胞は高濃度のPVS2液による強い浸透脱水に耐えなかった。そこで、糖で培養した茎頂を二モルのグリセリンと〇・四モルのスクロースを含む混合液（LS液）でさらに二〇分間処理した。このLS液処理によって初めて、茎頂の脱水耐性を十分に高め、－196℃で生かすことができるようになった。口絵9は、直径四ミリメートルの大きさのアルギン酸塩のビーズ中に茎頂（一ミリメートル）を封埋し（人工種子）、上記の方法で茎頂の脱水耐性を高めたのち、PVS2液で十分に脱水させてから液体窒素に冷却し、そこから取り出して培養したワサビの茎頂である。九〇％の茎頂が生きていて正常に伸長した（平均回復率九〇％）。

ii　熱帯植物でのガラス化法による成功

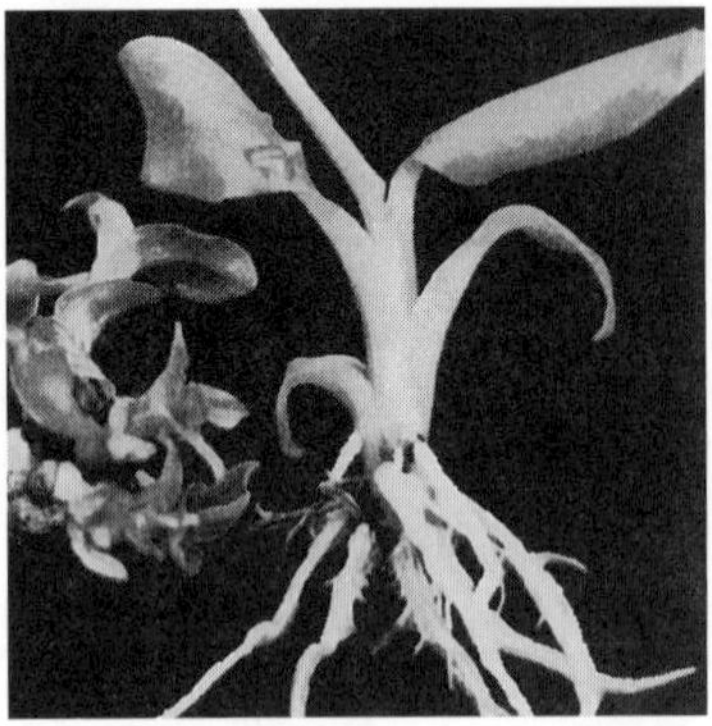

図55　バナナの茎頂をガラス化法を用いて液体窒素で保存後，生長した幼植物（スィン撮影）

温帯植物と違い、熱帯作物の培養茎頂を－196℃で生かして保存することは困難と考えられ、外国での成功例も極めて少なかった。一九九五年三月末頃、石垣島にある国際農林水産研究センター支所の高木さんからの要請で、ガラス化法の講演とその方法の実技指導を行った。そこには、ベトナムから研究にきていたスィンがいた。それから一カ月後、ガラス化法で－196℃に冷却されたタロ（サトイモの仲間）の茎頂が、高い割合で個体を再生したとの連絡をスィンから受けた。ついでスィンは、私たちのガラス化法で、バナナ（八品種）（図55）、パイナップル、ランなど約三〇種類の熱帯単子葉作物の茎頂の液体窒素保存に相次いで成功した。この成功は、彼の精力的な研究と高い組織培養技術、さらに研究に対する熱意と深い洞察力によるものである。こうして熱帯植物についても、前記のガラス化法で液体窒素保存が可能になった。一九九七年秋、スィンは神戸大学農学部から学位を授与され帰国した。

このように、温帯植物も熱帯植物も、培養植物の茎頂を使う限り、ほぼ同じ方法でガラス化させ、液体窒素で長期保存できるようになった。すなわち茎頂の分裂組織は、熱帯植物であれ、温帯植物であれ、適当に処理すれば高い脱水耐性を発現する能力をもっていることがわかった。[*112・113]

iii　「熱帯植物遺伝資源の超低温保存」に関する国際会議

一九九五年にはマレーシアで、熱帯植物から誘導された培養植物の長期保存に関する国際ワークショップが開かれた。これを契機として東南アジアの国々でも、熱帯植物を液体窒素保存する試みが始められた。それ以来約三年間にわたり、ボランティア活動としてタイ(五回)、インド、マレーシア(三回)、インドネシア(二回)、韓国、オーストラリアのパースにあるキングスガーデン(絶滅危惧植物の保存をしている)などで約一〇回の講演と五回の実技指導を行った。一九九八年一〇月下旬、「熱帯植物遺伝資源の超低温保存」に関する国際ワークショップが、つくば市の国際農林水産業研究センター(農水省)とIPGRIの共催で開催された。東南アジア諸国を始め中・南米やアフリカ諸国、ヨーロッパ、アメリカなどから約八〇名の研究者が集まり、多くの成果が発表された。この会議で世界の多くの友人に再会でき、今までともに研究を進めてきた国内外の若い研究者が国際会議で成果を発表するのを、感慨深く、満足しながら聞いた。

ⅳ　約一〇年間の研究成果

一九八八年に、研究室も研究費もなく一人で始めたこの研究は、幸運にも、約一五名ほどの地方の農業試験場の優秀な若い研究者の相次ぐ協力のもとバトンタッチされ、一二年間も続いた。そしてガラス化法で液体窒素保存に成功した種や品種の数は約二〇〇以上になり、また外国の研究者による成功例を含めると、それは二五〇を超えた。また外国雑誌に印刷されたわれわれの論文も五〇編を超えた。[*114・115] その間に一〇名が学位論文を提出し受理された。こうして、まったく凍結に耐えない熱帯植物の培養茎頂や培養細胞を、簡単な方法を用いて－196℃で生かし、保存し、個体に再生させるという念願の課題に、かなりの見通しがつけられた。ことに二〇〇〇年に入ってから、私たちのガラス化法(LS液とPVS2液を使用)で成功した外国の論文が、相次いで二〇報発表され、この方法の合理性と有効性が、十余年を経過して国際的に高く評価されるようになってきた。[*115]

ここまで成果があげられたのは、この研究に思い切って踏み出し、諦めずに目標を追い求めたこと、そして優秀な内外の協力研究者に、偶然、次々と巡り会えた幸運のおかげと感謝している。それと、自分の費用で研究を行ってきたので、その成功のために考えぬいたことと、家にいてもファックスや電子メールで内外の共同研究者と情報が交換できるようになった、情報技術の進歩が大きな追い風となった。やはり時の力を感ずる。

一九九九年七月一五日に、フランスのマルセイユで開かれた国際低温生物学会の国際シンポジウム「熱帯植物のガラス化法による液体窒素保存」で三〇分間の特別講演を依頼された。ついで二〇〇〇年六月一五日、アメリカのサンディエゴで開かれた国際培養生物学会主催の「二一世紀にむけての植物の遺伝資源の液体窒素保存」に関するシンポジウムで、約一〇年間の私たちの成果と、より簡便な新しい方法を提案した。またこの国際学会で、私たちがこれまで進めてきた研究が国際的に評価され、私が名誉会員に選ばれた。晩餐会で、アメリカの研究者による私の研究成果の詳細な紹介に続いて、私に五分間、挨拶をする機会が与えられ、多くの人から祝福された。また二〇〇二年八月一六日に、トロントの国際シンポジウムでの指定講演を好評のうちに終えた。そして二〇〇三年七月末の北京の国際学会での講演が最後となるであろう。

一九五六年に、ヤナギの枝で初めて植物の液体窒素中での凍結保存に成功し、植物の長期保存に道を開いてから、すでに四六年が経過した[*84・86]。最近、耐凍性の高いリンゴ、ナシなどの温帯果樹の芽の系統保存が、アメリカのクローン遺伝資源保存センターで大規模に進められている。また将来の地球上の林木の改良と増産のためのクローン林業に関連して、一万以上の針葉樹の遺伝子型が国際協力で長期液体窒素保存されている。そして、絶滅に瀕している熱帯の植物種の長期超低温保存計画が各国で進められている。なんとかあと数年間、命永らえて、東南アジアを始め熱帯の研究者の養成とレベルアップと国際協力にたずさわり、熱帯植物の遺伝資源の保存と開発の国際協力事業を軌道に乗せたいと念願している。

ごく最近、私たちの「ガラス化法による植物細胞・組織・遺伝資源の超低温保存の研究（酒井昭、新野孝夫、松本敏一、平井泰、グエン・スィン）」が二〇〇三年度の日本植物細胞分子生物学会の技術賞に推薦されたと、同会長から連絡を受け、たいへん光栄なことと喜んでいる。

II　異なる温度環境に生きる森林

1　熱帯から亜寒帯への森林の移り変わり

森林は、地球上の陸地面積の約三分の一という狭い面積ながらも、全陸地面積の植物の生産量の六四%を占めている。森林は地球上に効率のよい緑の大生産工場を提供し、そこで木材を生産するとともに、多様な動物や植物に生活の場を与えているのである。また森林の土壌表面や土壌中には、腐植層などの莫大な有機炭素量がある。さらに森林は二酸化炭素濃度の自動制御装置でもあり、水の循環に対しても寄与し、地球環境の保持にも重要な役割を果たしている。

(1)　地球上の温度地帯区分

地球上で気温が0℃以下に下がらない無霜地帯(図56、A)は全陸地の約三五%にすぎず、残りの六五%の地域は凍結ストレス地帯である。しかもその約四八%の地域では年最低温度が−10℃以下(図56、C)に、二五%の地域で−40℃以下(図56、D)に下がる。

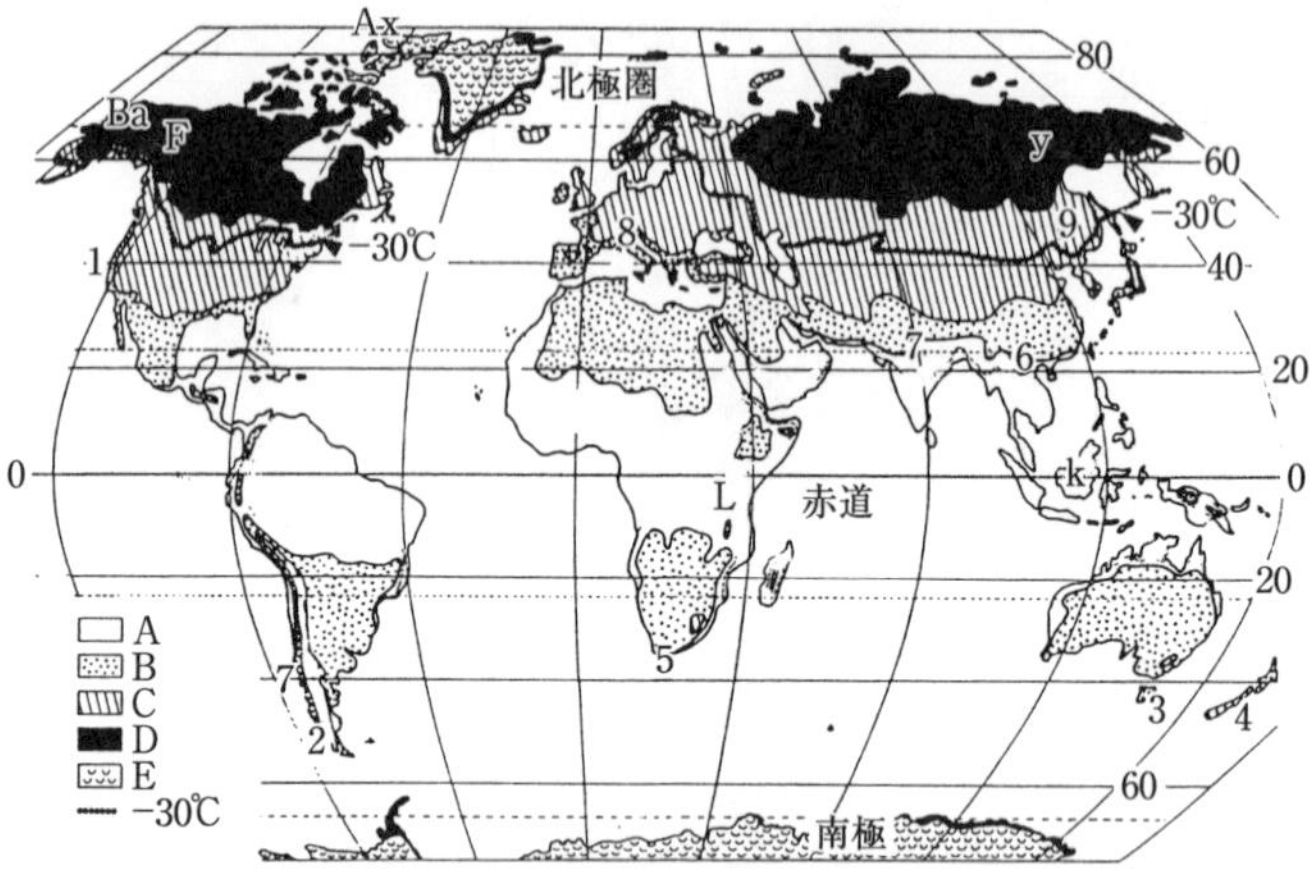

図 56　地球上の温度地帯区分. A：無霜地帯, B：気温がまれに−10°C以下に下がる地域, C：年平均最低気温が−10〜−40°C の間の地域, D：年平均最低温度が−40°C 以下の地域, E：極地氷河地域. 年平均最低気温−30°C 線を実線で記入. 1：サンフランシスコ, 2：プンタアレナス, 3：ホバート, 4：クライストチャーチ, 5：ケープタウン, 6：昆明, 7：バルジビア, 8：ローマ, 9：ハルビン, Ax：アクセル・ハイベルグ島, Ba：バロー, F：フェアバンクス, k：キナバル山, L：ケニア山, y：ヤクーツク*109

(2) 熱帯から亜寒帯への、環境変化による森林の移り変わり

赤道から極地に向かうにつれて太陽の放射エネルギーの減少、気温の低下、日照時間の年変動幅の増大、生育期間の縮小、降雨量の減少などが起こる。このような変化につれて森林の樹高や構成階層の減少、植物の現存量（単位面積当たりの総重量）や樹種数の減少、土壌の劣化が進む。こうして熱帯の高エネルギー・低ストレス環境から、次第に低エネルギー・高ストレス環境の亜寒帯に移行する。高木という生活形をもつ森林は、熱帯から亜寒帯への気候の変化に対応して、高木としての生活形を維持するのに必要な生産量を確保しながら、常緑広葉樹から落葉広葉樹、さらには常緑または落葉針葉樹へと生育形（常緑性、落葉性）と木の種類（広葉樹、針葉樹）を変えて、環境の変化に対応している。そして高木としての必要な生産が得られなくなると、樹木限界から灌木地帯、さらに草原に移行する。

気候と森林帯の関係を説明するのに、一九四六年に吉良[*48]によって提案された温かさの指数（温量指数、WI）がある。これは夏の生育期間の長さと温度を加味した積算温度で表される。すなわち植物の生長にとって必要な最低限の気温を5℃とし、各月の平均気温5℃以上の分を一二カ月にわたって合計したものである。図57に温量指数を示す。この指数によれば、指数15までが寒帯（ツンドラ）、45までが亜寒帯、85までが冷温帯、180までが暖帯、240までが亜熱帯、240以上が熱帯の森林に対応する。この図には各森林帯に位置する都市の年間の温度較差が最暖月と最寒月の差で示され

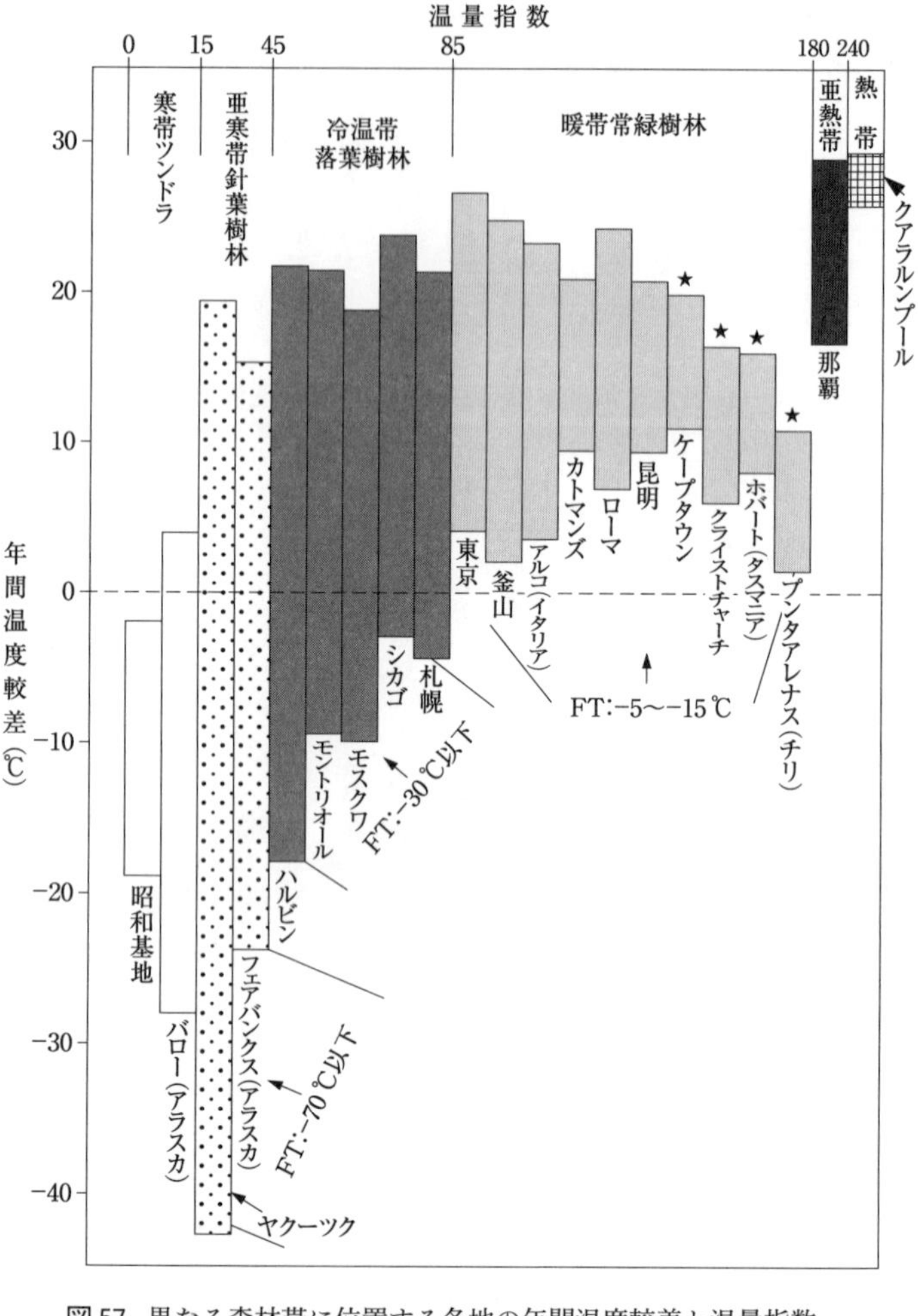

図 57　異なる森林帯に位置する各地の年間温度較差と温量指数.
FT：耐凍度，★：南半球

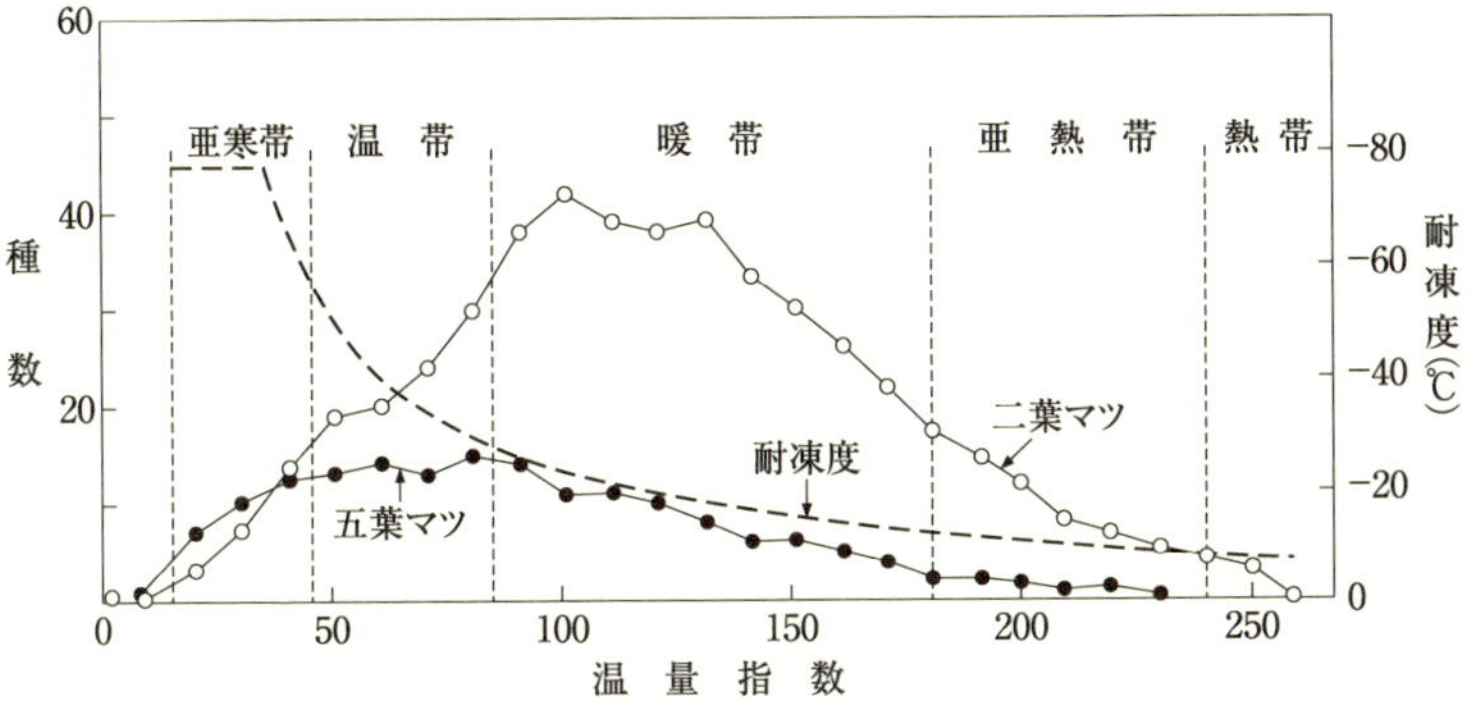

図58　異なる温量指数の気候帯に分布するマツの種数と耐凍度[*76]

ている。熱帯林(年間温度差24〜27℃)から暖帯常緑樹林、冷温帯落葉樹林、亜寒帯針葉樹林へとより寒い地域に移行するにつれて、年間の温度較差が著しく増大していることがわかる。この温度較差の増大には、夏の平均気温の高さよりも、冷温帯や亜寒帯における冬の平均気温の著しい低下の方がより大きく寄与している。冷温帯や亜寒帯に生活する植物[*106]は、長く厳しい冬の季節を生きるために、暖帯常緑樹と比べ格段に高い耐凍度をもっている。高い耐凍度をもたない植物は冷温帯や亜寒帯では生活できない。図58は異なる温量指数の気候帯に分布するマツの種数と耐凍度を示している。[*76]二葉マツは圧倒的に多くの種が暖帯に分布している。亜寒帯や亜高山帯に分布する種数は極めて少なくなり、それらの耐凍度は極めて高く、約−60〜−80℃にもなる。

(3) 各森林帯の特徴

i 熱帯林

熱帯林の面積は地球の全陸地面積の約一六%にすぎないが、そのなかには地球上に現存する植物の半数以上がつまっている。物理的環境が安定な熱帯雨林はまさに常緑広葉樹の世界で、安定した生態系が長く存続してきた。熱帯多雨林地帯は高温湿潤で季節性がなく、植物の生産性が高く、多様な樹種が多階層をなして住み分けている。そうした森林では、それぞれの樹種の個体密度が著しく低いために、花粉の媒介を昆虫、鳥などの動物に頼る虫媒花が圧倒的に多い。こうした動物を含む多様な生物が複雑な相互関係を成立させ、共存している結果、安定した生態系ができあがっている(II—5参照)。しかし熱帯林では落葉の分解が速く、腐植層の蓄積が少ないために、土壌には無機養分が乏しい。フタバガキ科の多くの高木は、根に外生菌根菌を共生させることによって窒素やリンなどの無機養分を確保していることが、最近明らかにされた。[*71]

ii 温帯林

北半球の中高緯度地帯は、第三紀の後半から氷期にかけて起こった大きな気候変動の影響により、植生や生態系が大きく破壊された。木本性の被子植物である広葉樹の大半は熱帯域に分布しており、わずか少数の植物系統群からなる樹種のみが、氷期後に常緑または落葉広葉樹として温帯域にまで分布を広げた。ことに冷温帯落葉樹林は、特殊な温度環境にしか成立できない熱帯雨林や亜寒帯林と対照的に、人類にとって中心的な中緯度の幅広い温度環境に適応分布している。冷温帯落葉樹林は、三つの異なる生活様式をもつ樹種グループから成り立っている。すなわち、花粉も種子散布も風に頼り、開かれた裸地やかく乱地をすばやく占拠するシラカバ、ダケカバやハンノキなどの先駆樹種と、安定した森林の構成樹種であるカエデ類、シナノキ、モクレンなどの虫媒花グループ、およびび両者の中間樹種である。*45 なお北海道の冷温帯落葉樹林では、虫媒花と風媒花の樹種の割合はほぼ半々である。*44・45 熱帯林では樹種の多様性は高いが、周囲には同種の株がほとんどない。一方、温帯以北の自然林では、ある程度同種が集まって群落を作っている。また冷温帯落葉樹林では腐植層が厚く、しかも夏の地温が高いため、有機物の分解が速く土壌が肥沃になり、根による無機養分の吸収効率が高い。

iii　亜寒帯林

温帯から亜寒帯に向かうにつれ、冬の北極気団の影響が強くなるため、冬の温度が急速に低下し年間の温度差が増大する。また冬季の乾燥も厳しくなる。そのうえ、冬季には土壌が凍結する。さらに高緯度の亜寒帯では、冬季は何カ月間も暗黒状態が続く。このように温帯から亜寒帯に向かって環境が悪くなるため、生活できる樹種の数が著しく制限され、少数樹種で大面積を占める群落となるのである。そこでは針葉樹も落葉広葉樹もほとんどが風媒花樹種である。たとえばアラスカ内陸部では、二種類の常緑針葉樹が優占し、これにシラカバとポプラの広葉樹を交えた亜寒帯林となる。さらに地球上で気象条件が最も厳しい東シベリアでは、ダフリカカラマツが広大な永久凍土地帯に少数樹種からなる大群落を作る。この針葉樹は最も劣悪な立地条件に適応し、環境がかく乱(山火事)されても修復して埋めてゆく先駆的樹種で、高い個体再生能力と天然更新能力をもっている。

亜寒帯や亜高山帯の針葉樹林では土壌に腐植層が厚く堆積しているが、地温が低いため分解が遅く、それが無機化しても堆積腐植層に吸収されるため、降水などによって溶け出しにくくなっている。そこで、多くの針葉樹は細根に外生菌根菌を共生させている。この菌根菌は菌糸を腐植層に張り巡らし、根が吸収できない無機養分を利用できる状態に変えて根に供給している。*71・126

iv　針葉樹はなぜ貧土でも生活できるのか

寒さと乾燥が厳しい北半球の亜寒帯や亜高山帯は、マツ科針葉樹の世界である。裸子植物である針葉樹の地球上の総数は約七六〇種で、被子植物の総数二四万種の約三・七％にすぎず、圧倒的に少ない。しかし北半球の亜寒帯林や亜高山帯林では、少数の針葉樹が広大な地域にわたってほぼ純林を形成し、現存数でも被子植物の落葉広葉樹を圧倒している。なお北半球の亜寒帯に分布している針葉樹は約一五種、亜高山帯では約四〇種であるが、これら針葉樹の針葉樹総数(七六〇)に対する割合は、それぞれ約二％と五％にすぎない。

一般に針葉樹は広葉樹に比べて、痩せ地、特殊土壌、乾燥地などの貧弱な立地でもうまく生活できる。それに対して常緑や落葉の広葉樹はぜいたくで、立地条件がよければどんどんと生育し、針葉樹を圧倒してしまうが、立地条件が悪くなると生育できなくなり、その場所を針葉樹にゆずる。

たとえば本州の山の尾根筋や崖っぷちにマツが目立つのは、マツがそこを好むからではなく、そこは痩せ地で乾燥しやすいため、広葉樹が茂りにくく、マツが広葉樹に負けない場所だからである。マツの根毛には外生菌根菌が共生し、貧土に張り巡らした菌糸から吸収した無機養分と水をマツに供給する。また本州で暖帯広葉樹林(照葉樹林)が切り荒らされ痩せ地になると、痩せ地にも耐えるアカマツが進入してアカマツの山となる。そのアカマツの山も長い時間がたち、落ち葉などが堆積したりして肥沃になると、もともとの植生である照葉樹林が進入してくる。

針葉樹の葉は、夏や冬の乾燥、強風や積雪によく適応した形態と機能を発達させている。すなわち葉は厚く、表面積が小さくなっており、表面のクチクラ層はワックスを多く分泌し厚くなっている。また気孔は表皮から落ち込んだ穴の下にあり、その表面をワックスが覆い、葉からの急速な蒸発を防いでいる。このワックスは光合成を三分の二のレベルまで低下させるが、葉からの水の蒸散を三分の一のレベルに抑えている。*139

2　酷寒に生きる東シベリアの森林

アラスカやカナダの永久凍土地帯の亜寒帯林では二種類の常緑針葉樹が優占し、それにシラカバと二種類のポプラといった落葉広葉樹が混在して、森林の遷移を形成している。また同じような亜寒帯常緑針葉樹林は、永久凍土が存在しない西シベリアにもある。しかし地球上で寒さが最も厳しく、乾燥した大陸的気候が支配する東シベリアの永久凍土地帯では、その苛酷な、しかもかく乱されやすい自然環境で生活できる落葉性のダフリカカラマツ(*Larix dahurica ssp. cajanderi*)が広大な面積を優占し、密度の高い林を作っている。そこではヨーロッパアカマツを除いて常緑針葉樹はほとんどない。またこれら針葉樹と混在する高木の落葉広葉樹はシラカバだけである。厳しい自然環境と特殊立地条件に存在する東シベリアの亜寒帯林は、樹種や生態的多様度が低い状態で環境と均衡を保っている。熱帯の安定した環境下で、多数の樹種が共存する熱帯雨林とは対照的である。もし東シベリアで温暖化や富養化が進み、樹種多様性が高まれば、現在の生態系は崩壊するであろう。

なお、東シベリアのダフリカカラマツが優占する森林は、後氷期（一万一〇〇〇年前）になって形成された新しいものである。後氷期には河川がしばしば氾濫し、氷期に形成された永久凍土上に土砂が堆積した。そこに、最終氷期（七万年から一万一〇〇〇年前）に南下していた森林が北進してきて、森林が新しく形成された。年間を通じて乾燥気候が支配するこの地域では、山火の被害が特別に多い。しかしダフリカカラマツやカバはいずれも陽性の先駆的樹種で、山火などのかく乱後の回復更新力が特別に高い。

アラスカと東シベリア両方の永久凍土地帯を調査した私の実感では、東シベリアの内陸部、ことにヤクーツクやその東の内陸地域はアラスカやカナダより年間の温度差が大きく、大陸的乾燥気候である。それは、東シベリアのカラマツが、乾燥を防ぐために樹皮の厚さをアラスカの針葉樹よりも二倍以上も厚くしていることと、そこの土壌のpHが砂漠や乾燥地と同じように八～九と異常に高いことからもわかる。[*92] この東シベリアの内陸部と比べると、常緑針葉樹林が優占するアラスカやカナダの内陸部の永久凍土地帯の森林は、むしろ温度・湿度が高く海洋的とさえいえる。

(1)　東シベリアの酷寒

東シベリアは長い冬の間、乾燥した北極気団の支配下におかれるので、積雪が少なく、乾燥気候にさらされる。ヤクーツク（北緯約六二度）の一二月から二月までの月平均気温は約－40℃、年平均気温は－10℃（南極昭和基地と同じ）、二一年間の年平均最低気温は約－64℃で、世界で最も寒い地域である。西シベリアやアラスカ内陸部と比べると、冬の気温は約20℃も低いし、また非常に乾燥している。そのうえ東シベリアの大半は永久凍土地帯で、ヤクーツクの永久凍土の深さは約二五〇メートルに達している。これは、東シベリアでは、氷期(約一六〇万年前)に山岳地帯以外は大陸氷床に覆われなかったために、大地が冷やされ永久凍土が形成されたためである。ヤクーツクの六月から八月までの夏の気温はかなり高く、七月の平均気温は札幌とほぼ同じ19.5℃である。また年間降水量は二一三ミリメートルで中央アジアの草原ステップとほぼ同じである。その降水量の約半分は六～八月の生育期に降り、冬季間の降水量は約三五ミリメートルで、積雪深は約三〇センチメートル程度である。

こうした数字を並べても、その寒さや乾燥の厳しさの実感はわれわれにはわかりにくい。今から約二〇〇年以上も前に日本の漂流民がヤクーツクに着き、初めて体験した寒さの恐ろしさを井上靖の『おろしや国酔夢譚』[*35]のなかから引用させてもらうことにする。

「主人公の光太夫を含む六人の日本人の漂流民がオホーツクを出発して、果てしない原始林の中の道を馬に乗ったり、歩いたりしてレナ川畔の集落ヤクーツクに着いたのは一一月九日であった。すでに厳寒の季節である。光太夫たちは寒気にもいろいろの段階があるものだということを初めて知った。その町には多くの旅行者が入り込んでいた。いずれも革製の衣服を何枚もかさね、皮の帽子をかぶり、ムフタという熊の皮、内側は狐の毛皮でつくった筒のような大きな手袋に手を入れ、その手袋をひたいに当てて、鼻から下を覆い、目だけを出して歩いている。これら旅行者はいずれもこの地方の寒さに慣れきった人達ばかりであるが、それでも耳や鼻を落としたり、手指を欠いたり、木の接ぎ足をして杖をついた者が少なくなかった。さらには片側の頬がくりとられた様になくなっている者もあった。こうした凍傷による障害者は老人にも、子供にもいたし、男にも女にもいた。この地方のとてつもない寒さを身を持って経験した光太夫は凍傷のこわさを知り、五人の部下に用もなく外出するのを固く禁じた」。

図 59　永久凍土研究所の地下実験室(地下 10～15 m，温度約－4°C)(著者撮影)

二〇〇年前も今もヤクーツクの冬の寒さはそんなに変わっていないはずだ。

永久凍土は、地表面から地中に凍土が少しずつ伸びて形成される。したがって、永久凍土が到達できる最深層とその形成に要する時間は、表面温度の低下の度合いと凍土の熱の伝わりやすさで決まるようだ。福田の単純な仮定による計算では、[*26] 年平均気温－3℃の地表面温度を一〇〇〇年から二万年一定に保つと、永久凍土の深さは二〇〇メートルにまで到達する。時間に幅があるのは土の熱伝導率の差によるようだ。図59はヤクーツクにある永久凍土研究所の、地下約一〇～一五メートルの深さに凍土をくりぬいて作られた実験室である。

(2)　永久凍土と森林の共存

最初にダフリカカラマツの形成について説明しておきたい。東シベリアでは今から二〇万年前の氷期の中頃から、シベリア系のカラマツおよび常緑針葉樹の分布が順次に縮小され西に追いやられた。ことに氷期の後半から最終氷期にかけての寒さと乾燥の激化と永久凍土地帯の拡大に伴って、こうした気候に適したダフリカカラマツが新たに分化し、東シベリアに分布を拡大したと考えられている。

ヤクーツク地方は年間を通じて乾燥している。年間降水量は約二〇〇ミリメートルで、日本なら夏の集中豪雨のときに一昼夜に降る雨の量に相当する。道路は乾ききり、その表面何センチメートルかは灰のようになっている。このような乾燥地帯では普通は草しか生えることができず、とても森林が成立する条件ではない。しかしそれにもかかわらず東シベリアでは南北一〇〇〇～二〇〇〇キロメートルのタイガと呼ばれる、ダフリカカラマツが優占する森林が、広い範囲に成立している。[*10] この秘密は永久凍土にある。もし永久凍土がなければ、春の雪解け水やわずかな雨水はたちまち地中深くに吸い込まれ、地表はからからに乾燥し、草原か砂漠になってしまうであろう。林の中では、凍土に遮られ、しかも裸地と違い蒸発も遮られるので、雨水や雪解け水は夏解け冬凍る地表面下六〇～八〇センチメートルの活動層(融解層)に蓄えられる。この活動層の水が、そこで生きるダフリカカラマツや地表や地中動植物の涵養源になっている。いってみれば活動層以下の永久凍土層は永遠の死の世界であり、一方、夏解け冬凍る活動層は天の恵みをいっぱい貯えた生命の根源である。また森林が存在するおかげで活動層が異常に深くなったり、地下の巨大なくさび状の氷塊(氷楔)(図63参照)が解けて起こる地盤の沈下が防がれたりしている。このように東シベリアでは、森林と永久凍土との間に相互依存関係が認められる。しかし気候の温暖化や火災、大規模な森林伐採などによって、このバランスが崩れることが危惧されている。

(3)　スルダッハ湖畔の森林調査

私たちは一九七二年八月一二日に、ヤクーツク市から北東約三五〇キロメートルに位置するスルダッハ湖岸に着いた。この湖は直径約四キロメートル、レナ川とアルダン川で囲まれた河岸段丘にあり、湖岸の高さは水面から二〇メートル、その上に林が成立している。湖の深さは六メートルである。この湖岸の樹高一〇メートルほどのダフリカカラマツの純林(図60)に入ったときの第一印象は、シベリアタイガについて抱いていた、大木の生い茂る暗い密林のイメージとはまったく異なるものであった。八月中旬だというのに北海道の新緑の林のように明るく、また昆虫はすでに休眠に入ったのか蚊やアブは見かけなかった。地表には五〜一〇センチメートルの厚さにカラマツの落葉が堆積し、その表面をコケモモ、クロマメノキ、ほふく性の極地性ヤナギ、コケ、地衣などが覆っていた。何本かのシベリアアイリスも認められた。地表近くの植物の根の耐凍度を知るために、このアイリスを採集し札幌に持ち帰って、冬に測定した。その結果、葉は－70℃、根は－35℃にも耐

図60　スルダッハ湖岸のダフリカカラマツの純林[*92]．平均樹高：約10 m，林齢：約100年

えた。すなわち林床植物の根は地温が－30℃に下がっても生きていられる。

　この林で午後三時、気温が22℃のとき、数センチメートルの落葉層を除いた地温は8.5℃で、ひやりと冷たさを感じた。土は砂質シルトで、移植ゴテで容易に掘れた。そこで腹這いになって一〇センチメートルごとに土を採集し、地温を測った。地表面から七〇センチメートルで地温は0℃となり、堅い凍土層にぶちあたった。すなわちこの林床では八月中頃に解ける地層の深さは約七〇センチメートルである。なおカラマツの根は地下一〇～三〇センチメートル前後に多く位置し、その部位の地温は4～7℃と低かった。また地表近くを除いて土のpHは八～九とかなり高いアルカリ性を示した。[*92] 土壌分析の結果、この土の中に多量の炭酸カルシウムを含んでいるためとわかった。夏の降水量が少ないために、土の中の水は降雨によって上から下に移動するのではなく、地表面から蒸発するため土の中の水が下から上に向かって移動している。そのため、解けている活動層の中ほどから上にかけて、多量の炭酸カルシウムが蓄積するのである。これらの測定値は、気温が最も高く、活動層が最も深く、また土が最も乾燥していた八月中頃のものであった。

しかし五月中下旬の雪解け後は活動層はまだ浅く、土はかなり湿潤なはずである。ダフリカカラマツの根はこうした過湿な冷温土壌でも生きられる特殊能力をもっていると考えられる。七月中旬以降になると活動層は厚くなり、葉からの蒸散も高まり土は乾燥してくるが、その頃にはダフリカカラマツは生長を止めている。そして八月末になると土はもう凍結を始める。なおダフリカカラマツの根は凍土に遮られ、地下約五〇センチメートルより深くには直根を伸ばせないが、側根が数メートルから一〇メートル近く伸び、個々の木の側根がネット状に絡みあって地上部を支えている。

このカラマツ林の概況を知るために、林内の二カ所(A、B)で木の胸高直径、樹高、本数を数え、何本か切り倒し、生長量と樹齢を調べ、さらに高さ別に円盤を切り取った。A林分では、平均樹高八メートル、平均直径八センチメートル以下の木が六五%を占め、立木本数は一ヘクタール当たり七六〇〇本、樹齢は七〇〜八〇年であった。B林分では、平均樹高五メートルで直径四センチメートル以下の被圧された小径木が八〇%を占め、立木本数は一ヘクタール当たり一万六〇〇〇本、樹齢は同じく七〇〜八〇年であった。なおA林分に直径二〇〜二二センチメートルの大木が数%含まれていたことから、この林は七〇〜八〇年前の山火後に再生した林であると考えられる。この林で

図 61　ダフリカカラマツの幹の地上 1 m における断面(樹皮率約 25%)*92．右：樹齢約 80 年，左：樹齢約 70 年

は、生長のよい木でも年輪幅は二ミリメートル以下で、平均一ミリメートル、最低は〇・〇六ミリメートルであった。これらの事実はダフリカカラマツが生きている立地条件の劣悪さを示している[*92]。

この調査でさらに驚いたことは、幹の断面積に占める樹皮の面積割合が二五〜三〇%と大きく、皮が異常に厚いことであった(図61)。これはアラスカの永久凍土地帯の針葉樹の樹皮率一二%に比べ際だって厚く、ダフリカカラマツの乾燥気候や山火に対する見事な適応を示している。またダフリカカラマツの球果は、乾燥地のマツのように、山火で高温にさらされて初めて球果を開き、多量の種子を散布し更新を図る。

以上の調査を一人で五時間ほどかけて行った。宝の山に入り、宝探しに熱中したかのような数時間であった。一応調査を終えたときには、すでに物理関係の同僚二人と一人の通訳は、同行の二人のロシア人が用意した、この湖でとれた魚のスープの夕食についていた。美しい夕焼けを見ながら会話がはずんだ。思いがけなく資料採集と林を調査する許可を得て、リュックサックいっぱいに採集した土や幹の資料を枕元において、満足して森の中のテントで眠りについた。これが私にとって最初にして最後の東シベリアの森林調査となった。[*92]

(4)　東シベリアの森林の特徴

i　ダフリカカラマツとヨーロッパアカマツの棲み分け

東シベリアでは川沿いや斜面の中腹など砂地土壌で、活動層が深く、排水のよいところではヨーロッパアカマツ(*Pinus sylvestris*)の純林が多い。それに対して斜面の下部や平坦地など活動層が浅く、排水の悪いところにはダフリカカラマツが多い。こうして二つの針葉樹は活動層の深さや排水や土壌の状態によって棲み分けている。[*66]

東シベリアのダフリカカラマツ林は、山といわず谷といわず、森林が成立できるあらゆる地域に優占的に広がっている。[*10] ここでは樹高一〇～二〇メートル、胸高直径一〇～四〇センチメートル程度の林が多く、そのうえ山火跡地(図62)の森林が多い。このように森林が貧弱であることは、それだけ気象や土壌条件が厳しく、劣悪であることを意味している。一〇月から四月までの七カ月にわたる幹と根の完全凍結、根の吸水不能、冬季間の厳寒、年間を通じた乾燥気候、生育期における土

図62　ダフリカカラマツの山火後の更新(ヤクーツク郊外，著者撮影)．山火後の球果の裂果によって散布された種子からの実生による

壌の過湿、冷温土壌と生育期間の短さなど東シベリアの悪い立地条件を考えれば、ダフリカカラマツ以外の樹種では優占した森林を作りえなかったであろう。

大興安嶺では、ダフリカカラマツは過湿な冷温土壌では他の樹種より競争に強いが、排水のよい肥沃な土壌ではシラカバとは競合できない。そのためダフリカカラマツは、活動層が浅く低地温である北斜面や南斜面の底部に多い。それに対してシラカバは南斜面の中ほどの、活動層が深く排水のよいところに分布する。[*49] また西シベリアに広く分布するシベリアカラマツは、ダフリカカラマツよりも排水のよい温かい立地を好む。これら二種類のカラマツは立地条件によって棲み分けているのである。なお東シベリアのダフリカカラマツ、シラカバ、ヨーロッパアカマツ、いずれの樹種も陽樹で天然更新がよく、山火後の回復力も高い

(図62)。

ii　常緑針葉樹の越冬の危機

亜寒帯の常緑針葉樹の越冬にとって最大の危機は春である。春になると太陽の日射は強くなり、日射時間が長くなる。日中には葉温がかなり上昇するが、まだ根は凍結したままで葉や枝には水は供給されない。この時期、針葉樹は水分の喪失を防ぐために葉の気孔を閉じたまま光合成をしないか、あるいは水分の喪失を犠牲にしても気孔を開いて光合成するかの選択を迫られる。一般にマツ類は気孔を閉じたままであり、トウヒの仲間は気孔を開いて光合成する。その点、カラマツは落葉性であるためこの深刻な問題を完全に回避できる。さらに常緑針葉樹と違い、雪解け頃は葉がないために林床は強い日射にさらされ、融雪や凍土の融解が促進されるという利点もある。

(5)　森林の中の皿状地《アラス》

レナ川沿岸のヤクーツク市の東側に広がる河岸段丘地帯の森林の中に、大小さまざまな皿状のくぼ地や沼地、湖などが無数に広がっている。こうした森林の中の低地をヤクート語でアラスと呼ぶ。実は森林やツンドラで覆われた東シベリアの永久凍土地帯には、深さ一〇メートルに達する巨大なくさび状の地下氷(現地語でエドマ層)が埋もれている(図63、I)。エドマ層は北極海沿岸の河口域やレナ川とアルダン川に囲まれた河岸段丘地帯に広く分布し、スルダッハ湖周辺の森林地帯にも多い。この地方のアラスの形成は、森林の伐採か火事で地表面が露出したため、地下の巨大なくさび

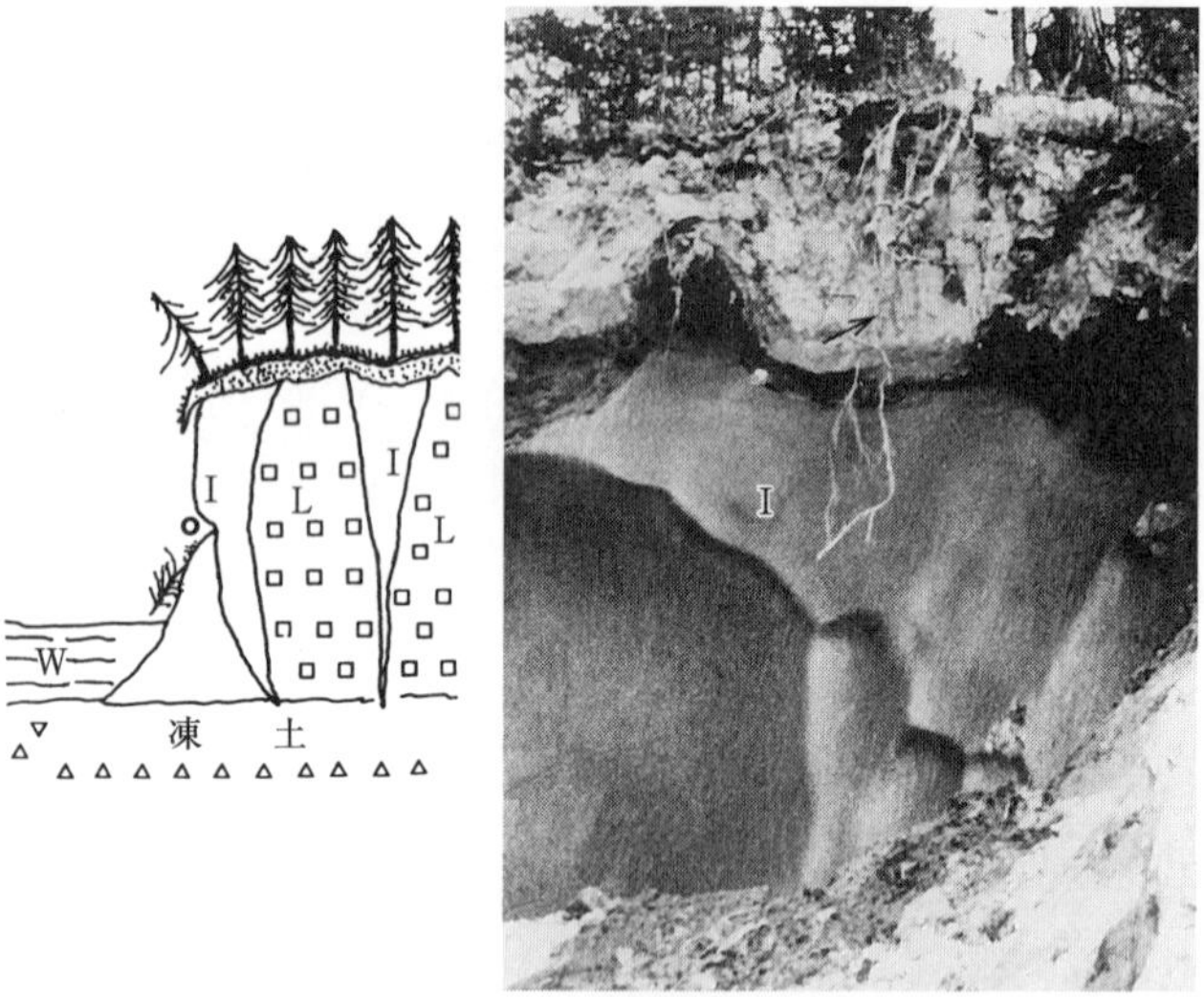

図 63　スルダッハ湖岸のカラマツ林と地下氷[*92]. 左：スルダッハ湖岸の模式断面図. I：地下氷(深さ約 40 m), L：ローム層, W：湖水, 湖岸の高さ約 20 m. 右：湖岸の崩壊地の拡大. 根(矢印)が地表近くにあり, その長さは約 5 m, 地下氷(I)の上に約 1.5 m の土の層がある. 氷が融解して土砂が崩壊している

状の氷が融解し、解けた水が蒸発して地盤が沈下してできた特殊な地形である(図64)。アラスの多くは水をためて、周囲は牧草地としてヤクート人に利用されている。スルダッハ湖もおそらく火事で表面の植被がなくなり地下氷が解け地盤が沈下し、そこに解けた水がたまってできた湖で、川の流出入がない。スルダッハ湖岸の南側は日射のために、現在も地下氷の融解とそれに伴う倒木が続いている。なおこのエドマ層は、氷河時代に植生がほとんどない永久凍土上に形成され、後氷期に河川の氾濫によってその上に土壌が堆積し、そこにカラマツ林が形成されたと考

図64　森林伐採後の地下氷の融解による地盤の沈下*93．森林伐採3カ月後に見られる亀甲模様．地盤沈下は約1m．地盤が約10m沈下して平衡になるが，南斜面では露出した氷による森林の崩壊が続く

えられている。*26

スルダッハ湖の深さは六メートルで、冬には湖水は表面下最大二・五メートルまで凍結するが、その下の水は年中凍らずにいる。そのため魚も棲息しているが、川の流入がないのでおそらく人間によって持ち込まれたものと思われる。現在は湖岸の地下氷の融解量と湖面からの水の蒸発量がほぼ釣り合っているので、湖水面が変わらない。しかし他の多くの湖では蒸発量が勝り、湖が毎年縮小している。スルダッハの湖水もいつかは蒸発し、土砂に埋められ、また森林に復元するのであろう。気が遠くなるような長い自然の営みが続いている。

巨大な地下氷（エドマ層）はその中に多くの気泡を含み、ここにはメタンガスが多量に閉じ込められている。現在の気象条件下ではエドマ層は不安定で、さらに温暖化が進むと融解が進み、森林の崩壊、道路の決壊やメタンガスの放出が問題になってくると考えられる。こうした問題が地球温暖化と関連づけて調べられている。

(6) シェルギンの井戸

ヤクーツクでは昔から冬の飲み水に困っていたので、一七〇年ほど前にシェルギンという事業家が冬の飲み水確保のためにノミで井戸を掘り始めた。しかし三年かけて二八メートル掘っても、土はセメントのように堅く凍土ばかりであった。一〇年ほど費やして深さ一一六メートルまで掘り下げたが、相変わらず凍土だけで水は得られず、彼はついに財産を使い果たし作業を中止せざるをえなかった。それから数年後、探検家であり科学者であるミッテンドルフがこの井戸を見つけ、深さごとの温度を測った。三〇メートルで－6℃、一一六メートルで－3℃、この温度勾配をさらに低い方に延長して、永久凍土の下面が約二五〇メートルであると推定した。井戸からは目指す水は得られなかったが、図らずもこのシェルギンの井戸がシベリアにおける永久凍土研究のきっかけを作り、科学アカデミー所属として保存されることとなった。一九七二年、私はここを訪れ、身を乗り出して井戸の中をのぞいてみた。井戸は幅一メートルほどで、その内壁についた霜が裸電球

図65 シェルギンの井戸(著者撮影, 1972)

に照らし出されて白く光り(図65)、一一六メートルの地中の暗やみに消えていた。一九八八年のヤクーツク地方の洪水時に、この井戸に水が流入し、せっかくの井戸も氷結してしまったと聞く。

3　氷河に輝くニュージーランドの常緑樹林

現在、北半球では、北極海を取り巻いて北米やユーラシアの広大な大陸がある。それに対して南半球では、かつては南極大陸を取り巻くゴンドワナ大陸があったが、ジュラ紀から第三紀初め（約五〇〇〇万年前）までの間に、アフリカ、オーストラリア、インド、南米などの大陸が相次いで分離した（図47参照）。そのため北半球で見られる広い陸にあたる部分は、南半球では海になってしまい、南半球の諸大陸の多くは、のちに北半球の大陸と直接または間接に連なった。しかし南半球の温帯域は北半球から長い間、隔てられていたため、南半球の植物の進化は北半球とは異なる種類の植物によって、また温暖な海洋的な気候のもとで行われた。その結果、北半球でわれわれが見慣れているマツ、モミ、トウヒなどの美しいマツ科の針葉樹は南半球では分布しておらず、代わって、日本の暖地にもあるイヌマキ科の針葉樹が分布する。また北半球の温帯で見られる落葉広葉樹の美しい新緑や秋の紅葉は、南半球ではほとんど見られない。温暖な海洋性気候の南半球は常緑樹の世界で、森林限界まで一様に黒ずんだ常緑樹林で覆われている。林相は単純で、景観的には季節変化が少なく、北半球の温帯林と比べ殺風景な感じがする。

(1)　氷河と常緑広葉樹林

私は一九七五年頃に、ニュージーランドの常緑広葉樹であるナンキョクブナ(ブナ科)林が氷河の近くにまで分布していることを知った。しかし氷河という厳しい寒さのイメージと、暖帯性で寒さに弱い常緑樹のイメージとが、どうしても結びつかなかった。そのうえ当時は、南半球の植物の耐凍性はほとんど調べられていなかった。そこで、北半球の植物と対比して南半球の植物、ことにゴンドワナ大陸起源の植物の寒冷適応の研究を、ニュージーランドの代表的な植物学者ウォードル博士と三年間行うことにした。まずニュージーランドの気象データを調べ、また北大低温科学研究所の同僚の専門家から温暖氷河について学んだ。

(2)　ニュージーランドの気候

ニュージーランド南島(図66)やオーストラリアのタスマニア島には、いずれも西海岸に沿って南北方向に高い山脈がある。冬季になると西からの強い偏西風が山脈にぶつかるため、山脈の西側では三〇〇〇～五〇〇〇ミリメートルもの降雨があり、それが山岳地帯では多量の降雪となる。しかも夏が涼しいため、冬季の積雪が夏に解けきらないで、そこに氷河ができる。こうしてできた温暖氷河は極地氷河とは違い、雪温は0℃である。同じような氷河は、南半球ではチリの中南部、太平洋に面したパタゴニアでも見られる。ニュージーランドの南島は、赤道をはさんで日本列島とはほぼ反対側の、ほぼ同じ緯度にある。しかし脊梁山脈には氷河がかかり、氷河のモレーンの近くまで常緑のナンキョクブナが分布し、森林限界(標高一〇〇〇～一二〇〇メートル)を作っている(図67)。また西海岸近くには、亜熱帯の木性シダを混じえた常緑樹林とシダ類が生い茂り、亜熱帯かと思わ

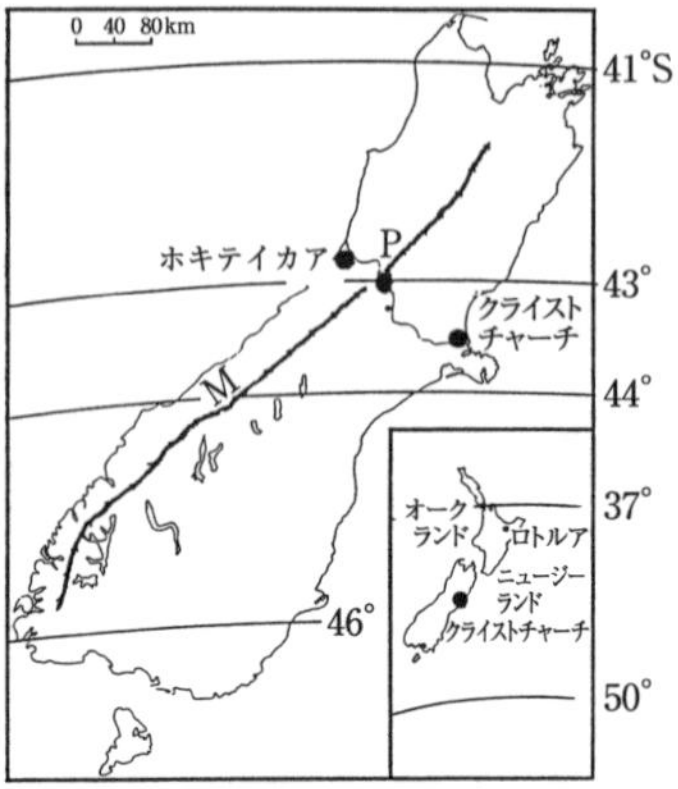

図66　ニュージーランドの南島．M：西海岸に沿って縦走する分水嶺山脈，P：この地点での森林限界

図67　ニュージーランド南島の常緑性ナンキョクブナ(*Nothofagus solandri*)林．N：ナンキョクブナ林，矢印：灌木のイヌマキの茂み，森林限界：1000～1200 m(著者撮影)

れる暖帯降雨林がある。さらにこの林を横切って山岳の氷河が海に落ちている。こんな光景は北半球の中緯度では見られない。同じような光景はパタゴニアにもある。ニュージーランド西海岸のホキテイカア（図66）の冬の平均気温が6.6℃（鹿児島の一月）、夏の気温は15℃（釧路や根室の七月）で、年間の温度差はわずか約8℃である。なお鹿児島の年間の温度差は20℃、札幌は25℃もある。

(3)　南半球の植物の寒冷適応

この共同研究の初めの年は、ニュージーランドの代表的な常緑広葉樹と針葉樹を高さ別に、また地域別に冬に採集し、札幌に持ち帰り、寒さにさらしてから耐凍度を調べた。翌年からは同じ木から枝を採集し、0℃に冷やした状態で、航空便で一日かけてニュージーランドから札幌に送ってもらった。研究の対象をさらにオーストラリアに広げ、三年後に研究をまとめ国際生態学雑誌 *Ecology* に発表した[*103]。これらの論文が契機になって、ニュージーランドやパタゴニアの植物の耐凍性に関する研究が相次いで報告されるようになった。

この研究で、南半球の温帯植物は針葉樹も広葉樹も−18〜−20℃程度の耐凍度しかもっていないことがわかった。図68に、日本の本州の暖帯と温帯に分布する常緑および落葉広葉樹（黒）とニュージーランド、オーストラリア、南米のチリ中南部に分布する常緑樹（ごく少数の落葉樹を含む）（白）、それぞれ三〇樹種の耐凍度の頻度分布を示した。この図から、南半球の広葉樹は−15℃程度の耐凍度しかないものが多いことがわかる。−15℃という耐凍度は本州の暖帯常緑樹と同程度で、本州の

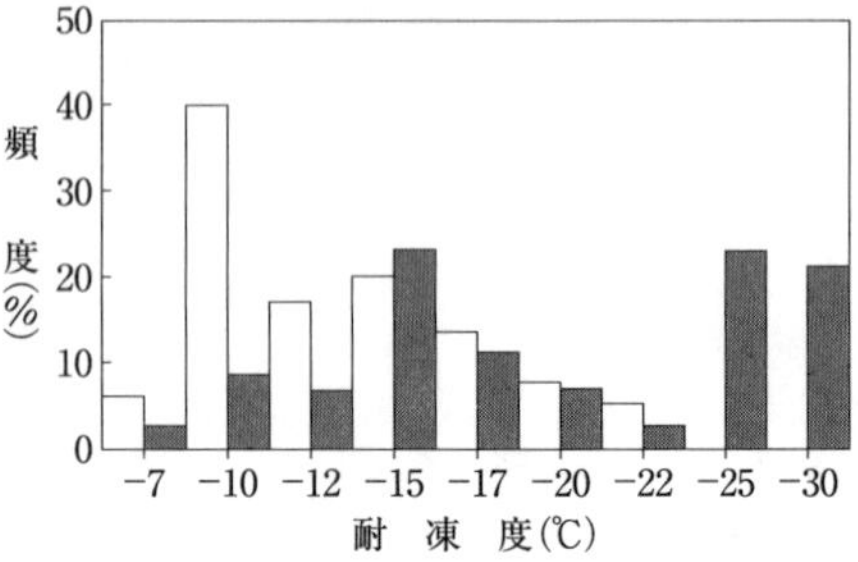

図68　南半球(チリ，ニュージーランド，オーストラリア)(白)と日本の本州(黒)に分布する，広葉樹各30種の耐凍度の頻度分布＊98,103

冷温帯落葉樹のように−25℃以下の温度に耐えるものはなかった。

また南半球の森林限界にある針葉樹の耐凍度は約−20℃で、屋久島の標高約一〇〇〇メートルにあるスギ、モミ、ツガの温帯針葉樹とほぼ同じであった。こうしたことから、南半球では北半球の冷温帯広葉樹や亜寒帯針葉樹と違い、−25℃以下の高い耐凍性樹種を獲得する方向には進化しなかったといえる。これは、南半球の中〜高緯度地域が海洋性気候で年間の温度差が少なく、内陸部の森林限界付近でも乾燥した厳しい冬の冷え込みがないために、−25℃以下の耐凍度を必要としなかったためであろう。また高い耐凍度をもつ北半球のマツ科針葉樹や温帯落葉樹が赤道を越えて南半球に分布することがなく、南半球の木と交雑しなかったことも、南半球の植物が高い耐凍性を獲得しなかった一因と考えられる。

(4)　南半球でのマツの大量植林

マツ科針葉樹は赤道を越えて南半球に分布を広げなかった。また南半球の針葉樹は経済林としての価値が低い。そのため一九三〇年頃からニュージーランドやオーストラリアの暖帯にマツが大規模に植林された。長年にわたる育種改良が進み、現在ではニュージーランドとオーストラリアはマツの育種に関する一大実験場となり、マツの世界的大生産地になっている。

オーストラリアの東南部の少し内陸に入った地域の年降水量は五〇〇〜八〇〇ミリメートルで、自生のユーカリ、アカシアなど、高さ数メートルの生長の悪い雑木林が多い。そこで木材を確保するため、これらの雑木林を切って、北半球のマツを移植導入する試験が広範囲に行われた。ここではラディアータマツが植林に最適であることがわかった。こうしてオーストラリアでは、降水量が少なく自生の広葉樹が育たないところに、乾燥と貧土に耐えるカリフォルニアの沿岸乾燥地のマツが大量に植林された。首都のキャンベラからヘリコプターで案内された植林地では、整然と区画されたマツ林が見渡す限り続いていた。マツは植栽後二〇〜三〇年で高さ三〇メートルほどに生長し伐採される。このマツ材は日本を始め外国に大量に輸出されている。現在ニュージーランドやオーストラリアは、交配とバイオテクノロジーを利用したマツの育種とクローン林業†に関する一大実験場となり、マツの改良と木材の増産、そして将来の地球上におけるバイオマスの確保に寄与しようとしている。しかし北半球のマツを南半球に大規模に植林したことが、将来、オーストラリアやニュージーランドの生態系にどのような影響を与えるかが問題である。人工林と天然林との共存条件を探ることが今後の課題であろう。

† クローン林業：優良木の交配後、成長がよく、しかも耐病性の高い系統を選び、これを組織培養で大量に増殖させ、個体に生長させてクローンとして植林する。従来の交雑育種とバイオテクノロジーを利用した方法で、

良質かつ規格化された木材が大量に得られる。

(5) 世界の花園＝クライストチャーチ

クライストチャーチ(図66参照)はニュージーランド南島の人口三〇万ほどの都市である。札幌とは赤道をはさんで反対側の、南半球の同じ緯度に位置する、「世界のガーデンシティ」といわれる美しい都市である。夏の気温は約16.5℃(稚内に相当)と涼しく、冬は5.8℃(高知)と温暖で、年間の温度差は約10.5℃の常春の地である。

今から一五〇年前は荒れ地であったが、入植者たちは母国英国のオックスフォードのようなよい環境に作り変えようと努力した。市の中心部を蛇行して流れるエイボン川のほとりに市民の憩いの場所を作り、市内に六〇〇の公園が作られ、街路樹だけでも世界中から三〇種、約四万本が植えられた。市民の多くがガーデニングを趣味にしている。そして花の季節である二月には、市内だけでも四〇近いガーデンコンテストが行われる。南半球における花祭りである。ここは、市民が美しい街を作りたいと思い、長い年月をかけて作り出した花の楽園である。

夏涼しい乾燥気候のために、シラカバや北方の針葉樹、高山植物やシャクナゲも育つし、冬温暖なためツバキを始めとする暖地の植物も育つ。そのため植えられる植物の種類が南北両半球のものを含めて非常に多く、カリフォルニアで有名な巨大なジャイアント・セコイアが、現在ここでのびのびと生長しているのが印象的であった。

4　モンスーン気候の母なるヒマラヤの温暖林

東西に長くつらなるヒマラヤ山脈の南斜面、その東にあるインドの東北部、ブータンや雲南といった地域は、暖かく年間の気温差の少ない南半球のような常春気候である(図69)。インドの東北の端にある、茶の産地で有名なダージリン(北緯約二七度、標高二一二七メートル)の気温は、ニュージーランドのクライストチャーチ(南緯約四三度)とほぼ同じである。また雲南の高原にある昆明(北緯約二五度、標高約一八〇〇メートル)の夏の平均気温は21℃、冬は9.5℃で、年間の気温差は11.5℃にすぎない。昆明の郊外には日本の暖地にある常緑広葉樹林が多い。

インド亜大陸は、中生代のジュラ紀(一億五〇〇〇万年前)にゴンドワナ大陸が分裂し、その中心に位置する南極大陸から離れたのち、一億年かけて年間数センチメートルずつ北に移動し、第三紀の初め頃、約五〇〇〇万年前にユーラシア大陸に衝突したといわれる[*52]。これにより、東南アジアから地中海を経て英国に通じていた熱帯のテーチス海[†]がなくなり、そこにチベットとヒマラヤ山脈が盛り上がり始め、第四紀氷期(約二〇〇万年前)以後、その上昇が速まった。東西に延びる高いヒマ

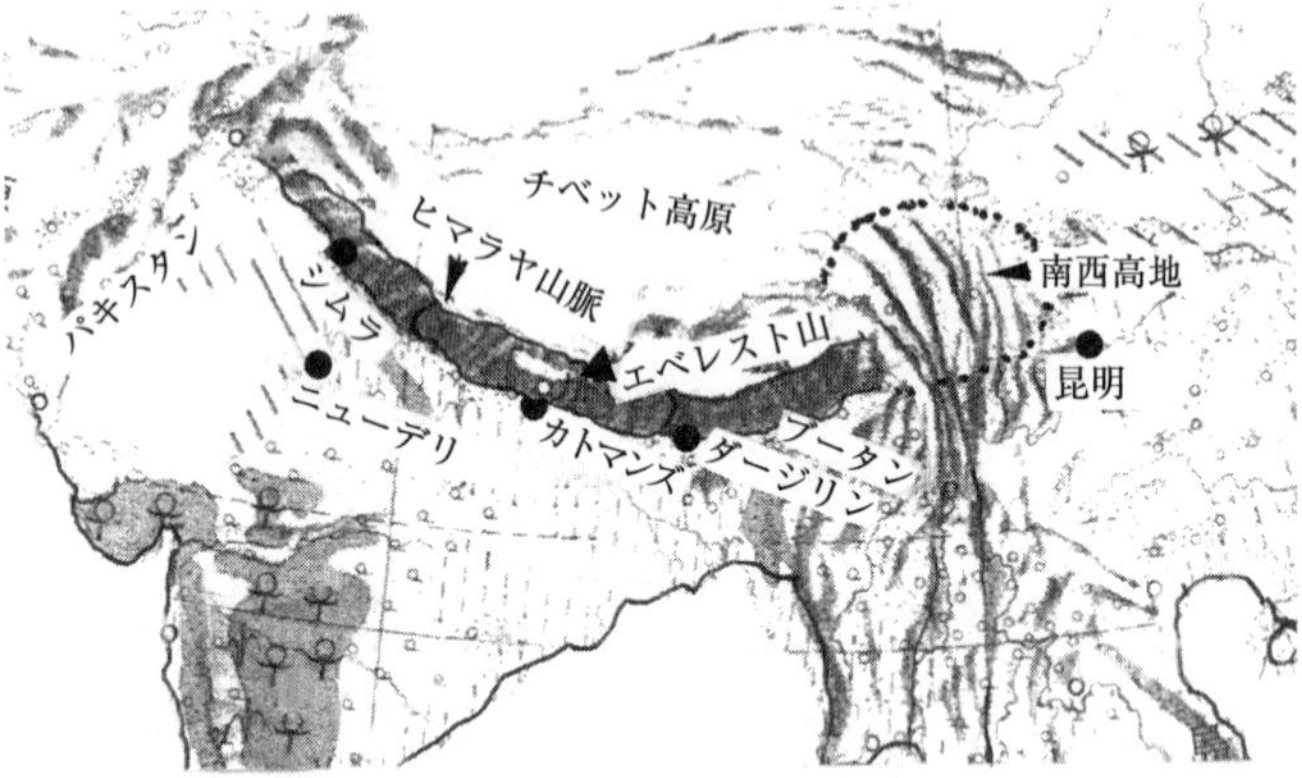

図69　ヒマラヤ山脈周辺の地図

ラヤ山脈によって、冬は北からの寒波がさえぎられるため、南側は暖かく雨に恵まれた気候になったが、モンスーンが及ばない北側は乾燥した。またインド亜大陸はフタバガキ科植物を南から運び、アジアの熱帯雨林の形成に大きな役割を果たした。

† テーチス海：北のローラシア大陸と南のゴンドワナ大陸の境を、東南アジアから現在のヒマラヤ地区を通りヨーロッパに通じていた熱帯の海で、現在のアラル海、カスピ海、地中海はその残存である。この熱帯の浅い海で繁殖した生物の堆積物が中央アジアや中近東における現在の石油資源となった。

(1)　中国の「南西高地」

中国の「南西高地」は、雲南省の北西、四川省の南西、チベット南東にまたがる地域で、長江、サルウィン川、メコン川などの大きな河川が南北に走り、大きな険しい谷を作っている。「南西高地」では、北からの寒波がさえぎられ、冬は温暖で、モンスーンのときには南西の季節風が谷に吹き込み、四〇〇〇メートルの高さでも二〇〇〇ミリメートルの降雨がある。そのため、この高さまで森林がある。「南西高地」では生育環境が複雑多様で、しかも暖かく雨が多いため、植物や昆虫の多様性が高く、シャクナゲ、イネなど東アジアの多くの植物の起源の地でもある。

ヒマラヤの針葉樹やシャクナゲなどは、植物の宝庫であるこの「南西高地」から分布を広げたものである。たとえばシャクナゲは、南西高地では三〇〇〇メートルの高さを中心に約二五〇種類[*19]が分布しているが、ヒマラヤには約三〇種類しか分布していない。またマツ科のモミの仲間の針葉樹は「南西高地」に約二〇種類あるが[*131]、ヒマラヤにはモミ、トウヒ、カラマツ、ツガが各一種ずつしかない。常緑のカシ、シイノキ、ツバキの仲間の葉は、表面が日光に当たるとテカテカ光るので日本では照葉樹と呼ばれる。この照葉樹林は東ヒマラヤの南面から始まり、東に向かって雲南や中国の南部を通り、さらに日本列島の沿海暖地に分布する。

(2)　森林限界にあるヒマラヤモミの耐凍度

ネパールの首都カトマンズ(海抜一三三七メートル)の郊外には照葉樹の密林が多い。東ヒマラヤの森林は、二〇〇〇メートル以上になるとツガやマツが多くなり、森林限界にヒマラヤモミの林がある。なお落葉広葉樹は、三〇〇〇メートル近くの、土が凍る北斜面に存在するだけである。交易で有名な東ヒマラヤのナムチェバザール(海抜三四五〇メートル)の一月の平均気温は−0.3℃(宮古と同じ)で、さらにその上のシャンボチェ(海抜約三九〇〇メートル)が森林限界である。シャンボチェの一月の平均気温は－４℃で、この寒さは軽井沢程度である。またこの付近は冬に霧が多く、上昇気流のために樹氷ができやすい。こうした資料から、ヒマラヤの森林限界はそんなに寒いところではないと感じた。そして、そこのヒマラヤモミは、屋久島の一〇〇〇～一五〇〇メートルに自生するモミやツガと同じく温帯性針葉樹で、約－20℃程度の耐凍度しかもたないだろうと予測した。このことを確かめるために、冬に森林限界のモミの芽を採集し示差熱分析で調べることにした。

一九七八年頃、ヒマラヤの植物の耐凍性については何も知られていなかった。そこでネパールの有名な植物学者のマーラー博士とヒマラヤの植物の耐凍度を調べることにした。最初の調査は一九七九年一二月に二週間かけてトレッキングし、高度ごとに植物を採集した。冬でも30℃を超す暑さのバンコック空港で数時間の乗り換えの際に、段ボールの箱に入れた採集植物は蒸れてしまい、使用できなくなった。そこで一カ月後の厳寒期に再びカトマンズを訪れ、二日間待機したのち、霧が晴れたカトマンズ空港から小型定期便でシャンボチェ空港に着いた。そこから急な斜面を二〇分ほど息を切らしながら登りつめ、エベレスト・ビュウホテルに着いた。さすがにそこはすばらしいエベレストの眺めで、高さ三九〇〇メートルの、ヒマラヤモミの林の中にあった(図70)。この森林で採集したヒマラヤモミの芽と、同じ林にあった一メートルほどの高さのシャクナゲの花芽を採集し、冷やして札幌に持ち帰り、－３℃に二週間さらしてから示差熱分析を行った。その結果、ヒマラヤモミの芽の凍死温度は－18℃(図71)、ヒマラヤシャクナゲの花芽は－17℃であった。また同時に測定した本州中部の山岳地帯のウラジロモミの芽や北海道のハクサンシャクナゲの花芽の凍死温度は約－30℃であった。これらのことから、予想したようにヒマラヤの三九〇〇メートルの森林限界にあるヒマラヤモミは、屋久島の一〇〇〇～一五〇〇メートルのモミと同じ程度の耐凍度しかも

図70 シャンボチェ(標高約3900 m)付近の森林限界．ヒマラヤモミ(*Abies spectabilis*)，樹高：約8 m＊102

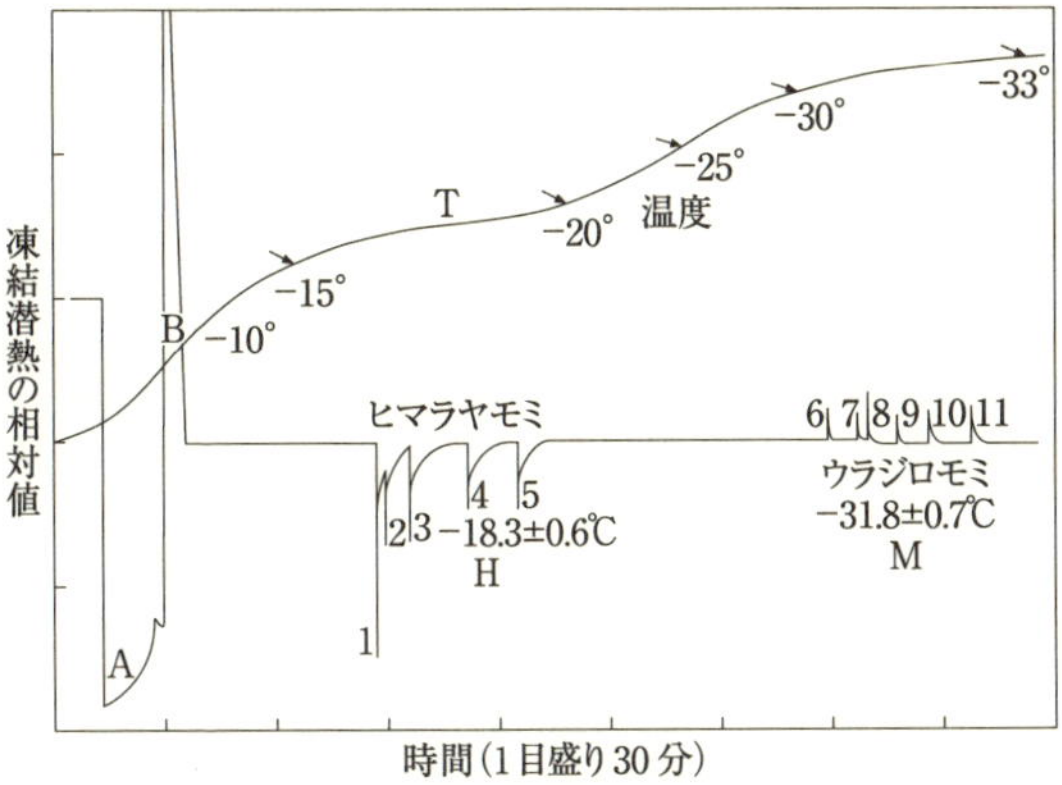

図71 ヒマラヤモミと本州山岳地帯のウラジロモミ冬芽の示差熱分析．－3℃に2週間さらしてから測定＊104．T：芽の冷却曲線，H：ヒマラヤモミの凍死温度(1～5)，M：ウラジロモミの凍死温度(6～11)．棘状突起(1～11)は芽1個ずつの凍死温度を示す

たないことがわかった。[*104]

(3)　シムラ紀行

一九九六年二月末、ニューデリーの遺伝資源研究所と西インドのシムラ（標高二三〇〇メートル）にあるインドのポテトセンターから遺伝資源の液体窒素保存について講演を頼まれた。そこで念願のシムラを訪れることにした。朝五時前にニューデリーのホテルを出て、六時に急行ヒマラヤン・クイーンに乗り込んだ。昼頃カルカに着き、英領インド時代に作られた登山電車に乗り換え、シャボテンが茂る乾燥低地帯を通り抜け、夕方、残雪のシムラに着き、友人のスクマラン博士夫妻と二四年ぶりに再会した。彼はミネソタ大学で学位をとったのち、低温科学研究所で私たちの研究室に一年間おり、研究所に勤務していた鈴木礼子さんと結婚して一九七二年末にインドに帰った。その後、シムラのポテトセンターで研究を続けていた。

シムラには、わが国の暖地の庭園木として有名なヒマラヤシーダ（マツ科針葉樹）の原始林が茂り、林床にはヒマラヤの赤いシャクナゲが咲く。シムラは、この二三〇〇メートルの斜面に、英領インド時代に夏の避暑政府が置かれ、発達した町である。二月下旬の日中は20℃前後で暖かであるが、夜間の冷え込みがきつく、なかなか眠れなかった。やはり夏の避暑地である。この斜面に発達した町には、西洋風の建物が目立つメイン・ストリートとインドやチベット風の下町風景が混じっている。人口は七万程度で北インドにおける新婚旅行のメッカである。シムラの郊外にあるスキー場近くの高台からは、さらに西パキスタンに向かって延びる西ヒマラヤの白銀の山並みが遠望できた。シムラもモンスーン地帯で七〜八月には雨季になる。

スクマラン夫人から、「シムラでは木を切ることが禁じられている。たとえ家の近くの木が家の窓を突き抜けても切れない」と教えられた。旅行中に、インドでは動物や植物と人間との共存が図られていることを実感した。インドではコンピュータによるネットワークがまだ十分に整っていないために、二週間のインド旅行中に、何回も飛行機がキャンセルされたり、何時間も遅れるつらい経験をした。しかし、それにもましてインド社会における民族、言語、文化、宗教、自然環境の多様性、生活の質素さ、すべての生物と調和・共存を図る自然に対する限りない優しさと、心の豊かさに感銘を受けた。またインドでは気候の多様性に伴い、植物の遺伝資源が豊富で、古くからその探検収集や保存の研究が盛んである。

(4)　モンスーン気候の母なるヒマラヤ山脈

夏になるとインド洋から湿った空気が大陸に吹き込み、東西に長く走る高いヒマラヤ山脈にぶつかるために、インドとネパールのヒマラヤ山脈付近では異常に強い上昇気流が起こる。モンスーンは西からの強いジェット気流によってさらに東や北東に進み、南アジアから東南アジア全体に雨季を、日本列島には梅雨をもたらす。もしヒマラヤ山脈がなければ、モンスーンはインド南部にまでしか及ばなかったであろう。そして東南アジアやアジアのモンスーン地帯の森林植生や稲作農業は現在とはまったく異なったものになっていただろう。

このモンスーン気候は、ヒマラヤ山脈の西の端のスワットヒマラヤまで続き、パキスタンとアフガニスタン国境付近の高いヒンズークシ山脈を境として、その西側は夏乾燥し、冬雨の地中海性気候となる。*133 なお日本と中国に分布する植物(日華植物区)はヒマラヤ山脈の南斜面(ヒマラヤ回廊)を、帯状に西の端まで延びている。シムラを取り囲むヒマラヤシーダ(マツ科針葉樹)の仲間は三種類あり、ほかの二種類は地中海気候の北アフリカ沿岸とレバノンやシリアに分布する。

5　寒さを知らない多様な熱帯雨林

熱帯雨林は高温湿潤で季節変化が少なく生育環境が安定し、年間を通じて高い生産をあげられる環境に発達した森林である。その特徴は、最高樹高七〇メートルに達する常緑広葉樹の巨木や高木が複雑な階層を発達させ、多様な樹種や生物が異なる環境を棲み分けて共存していることにある。しかし熱帯雨林の樹種は高い生産力をもってはいるが、それを支える無機養分の吸収はおもに外生菌根菌の共生によっている。[*71] 熱帯雨林の面積は地球の全陸地面積の約一六％にすぎないが、そのなかに地球上に現存する植物の半数以上が詰め込まれている。熱帯多雨地帯は常緑広葉樹の楽園である。

(1)　多様性の高い熱帯雨林

同じ熱帯でも中南米やアフリカの熱帯は、タイやミャンマーと同じように、一年のうち数カ月間は乾季があるので、季節がはっきりしている。ところが東南アジアの赤道直下のマレー半島、スマ

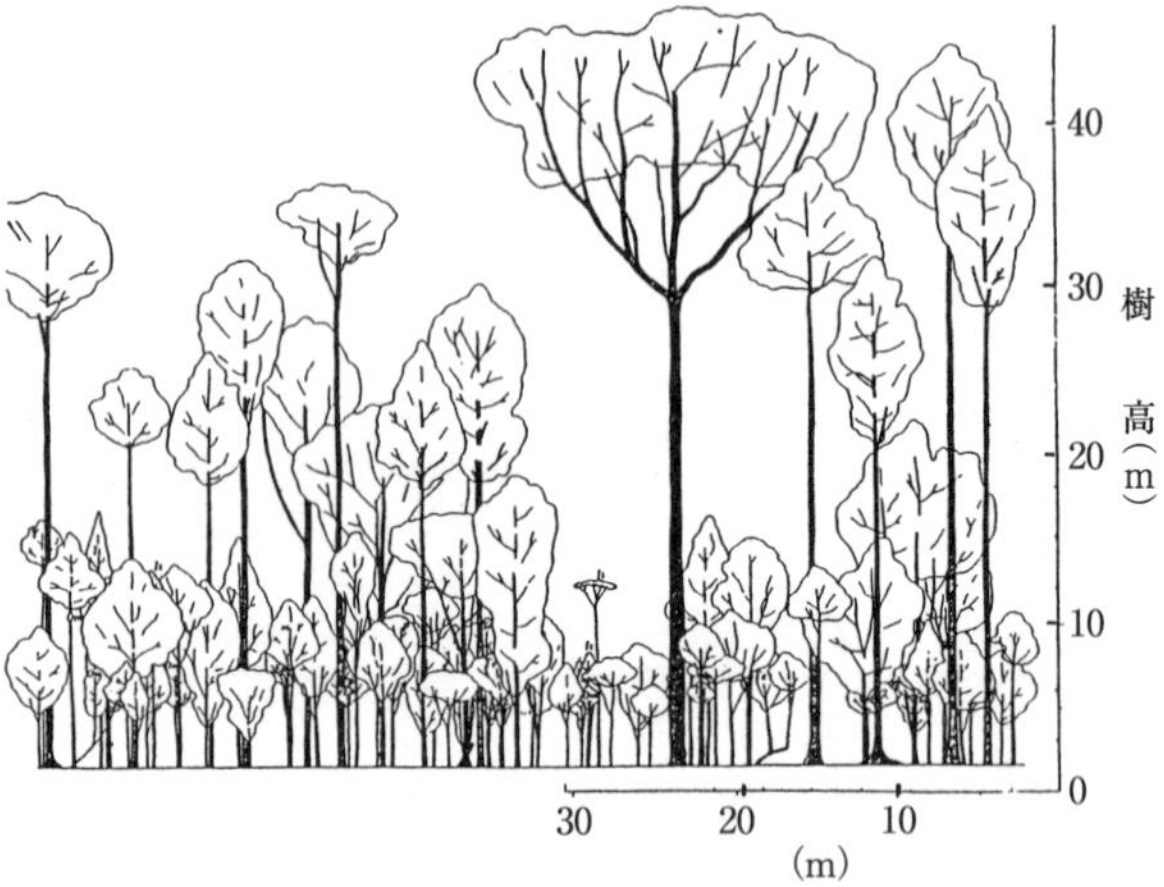

図72　熱帯雨林の多階層＊80

トラ島、ボルネオ島などでは、年間を通じて降雨量の変化が少ない。こうした東南アジアの約一〇〇〇メートル以下の低標高地に、最高木のフタバガキ科を主体にした熱帯雨林がある。アジアフタバガキ科植物はインド亜大陸によってコンドワナ大陸から運ばれ、アジアに広がった木である。ボルネオのランビル国立公園(約五二ヘクタール)の熱帯雨林には約一二〇〇の樹種があるといわれる。それに対して京都周辺の温帯ブナ林の樹種数は五〇程度、また北海道東大演習林の、ほぼ天然に近い針広混交林では約四〇種である。したがって熱帯雨林では、同じ面積内に温帯林の二〇〜三〇倍の樹種が生えていることになる。熱帯雨林では、なぜ同じところにそんなに多くの樹種が暮らせるのか。その理由として、まず第一に太陽の高い放射エネルギーがあげられる。熱帯雨林では樹高五〇〜七〇メートルに達する巨大な高木が、その下に複雑な階層(図72)を発達させ、階層間の生態的な棲み分けが促進されている。[55・56] こうした林では、植物間の光の取り合い、光を多く受けられる高さにまでどうやって速く生長するかが重要となる。また種子の発芽特性などによる競争も厳しいであろう。しかし競争原理だけでゆくと、より効率のよいものが増えて周りを駆逐することになる。だから樹高や階層数だけでは、熱帯雨林の樹種の多様性は説明できないようだ。

熱帯雨林の特徴は、生育する樹種は多いが、それぞれの個体密度が著しく低いことにある。樹種の多様性が高いということは、個々の樹種の密度が低いということと表裏なのである。したがって散在する個体群を維持するための有効な繁殖システムが必要で、他の植物や動物との相互依存関係が重要になる。こうした点を明らかにするには、フタバガキ林の樹種ごとの開花時期、昆虫の授粉行動、植物と昆虫やその他の動物との相互依存関係、昆虫の種類など解決すべき難しい問題が多い。

一九八二年にアーウィンがキューバの熱帯林で、噴霧器を滑車で樹冠につり上げ殺虫剤(スリンE)を林冠に噴霧して昆虫を集めたところ、既知種はわずか二%でほとんどが新種であった。[18] 翌年、アーウィンはアマゾンの熱帯林でもこのことを確かめた。[18] こうして、今までまったく知られていなかった莫大な数の昆虫が林冠に生活していることが明らかになった。アーウィンの報告が契機となってほかの熱帯林でも同じようなことがわかってきた。未知の世界の扉が開かれて、林冠生態学という新しい分野の幕が開いた。地上七〇メートルの林冠では太陽の光が最もよくあたり、生産性が最も高く、一番多様な生態系があるはずだが、あまりの高所のことで、それまで誰も気づかなかったのだ。

(2) ボルネオ・ランビル国立公園の森林

フタバガキ林の開花が約五年周期であることは、落ちてくる種子や果実の量から以前からわかっていた。一九九二年、京都大学の井上民二教授らは、ボルネオ島サラワクのランビル国立公園内の熱帯雨林でやぐらと吊り橋を工夫して作り、林冠に登って開花の観察を始めたが、四年間は開花が見られなかった。ところが一九九六年三月に初めて開花が見られ、七月まで続いた。そして約五〇〇樹種について、開花時期、植物と昆虫との相互関係、昆虫や動物の授粉行動などが次々と明らかにされた。調査地の森では、フタバガキ林と呼ばれる個体数が最も多い木でも、同一種で花を付けるのは一〇〇メートル四方で二本ぐらいしかない。四カ月の開花期間に一二〇〇種ほどの木が一斉に花を付けるのではなく、この開花期間で咲く順番が決まっているようだ。驚くべきことに、同じ種類の木が同調して開花する。たとえば一キロメートル四方に一本しかない木でも同調して開花する。バラバラに咲いていては授粉ができず子孫を残せないからであろう。また日中に咲く花もあるが、夕方に咲き始めて朝に落ちるものが多く、花の寿命は短い。そして授粉昆虫は昼夜を問わず開花中に訪れ花粉を運ぶ。花粉を運ぶのは八割が昆虫で、残りは鳥や哺乳類である。昆虫のなかではハバチ類が最も多く授粉者の約五〇%を占め、ついで多いのが甲虫で約二〇%であった。林冠の高いところで徹夜で観察を続け、飛来昆虫を採取し同定して、授粉行動を確認する作業は大変なことである。一斉開花の期間、約三五名の研究者によって観察された開花樹種は六五科一八九属四〇二樹種、そのうち授粉者が確認されたのは一〇六種であった。*141

熱帯雨林は樹種は多様だが、同一種の密度が小さい森林である。それぞれの樹種が共存できるためには、ともに種子を作り、子孫を残さないといけない。それをなぜか五年周期の一斉開花でやっているのが謎であった。一斉開花するときは芽を全部花に変えるわけで、新しい葉は全然できない。井上教授によれば、腐植土が少なく肥沃でないこの熱帯林では、木は多量の種子を付けるために非常に多くのエネルギーを消費するので、五年かけてまず栄養分をため込み（具体的にどういう形で栄養分を蓄えているかわかっていない）、五年目に花を大量に三～四カ月間咲かせる。そのぐらい大量に花を咲かせないと虫たちには魅力的でないのだろう。そして多くのハチや昆虫がやって来て、花の蜜と花粉を食糧にして大量増殖する。この時期にハチは巣分けをするが、五年後の次の開花時期まで耐乏生活が続く。五年に一度の大量、一斉開花は植物と昆虫たちの繁殖の祭りのようである。そして開花周期に同調した授粉昆虫たちの生活も明らかにされてきた。熱帯雨林のような季節性がほとんどない地域では、遺伝子を交流させる開花の引き金になる有効な環境要因が限られている。一九九六年一月には最低気温が20℃を切った日が一週間続いた。この異常低温はエルニーニョ現象のために快晴が続き、強い放射冷却のために起こった。寒さを知らない熱帯雨林の一斉開花の引き金に低温が使われたとすれば興味深いが、この確認のためにはさらに長期的な観察が必要である。

こうした井上教授らの精力的な調査で、調査された森では一二〇〇種の樹木に対して莫大な数の昆虫、ハチだけでも一〇〇種程度いることがわかってきた。植物とハチの関係ひとつをとってみてもなかなか複雑のようだ。やがて一〇月には一斉に実がなり、それを目当てに動物たちが広い範囲から集まってくる。

一九九七年九月七日の新聞は「日本人二人を含む乗客乗務員一〇人が乗った小型機が九月六日午後七時四四分、マレーシア・サラワク州のミリに近いランビル国立公園内の丘陵に激突し全員死亡、その中に京都大学生態学研究センターの井上民二教授(四九歳)が含まれる」と報じた。翌日の新聞は京都大学の関係者により井上教授であることが確認されたと報じた。一〇月の実りを前にして、まさに調査地であるランビルの森で井上教授は急死された。

植物が生き残るためには花粉が動かないといけない。これが風媒花のようにでたらめに動いているか、誰かが必要なところに花粉をきっちりと運んでいるかによって、生命のありようが違う。裸子植物の針葉樹は風媒花であるが、被子植物の多くは花という広告塔を作って、昆虫を呼び寄せて花粉を運ばせるようにした。このシステムが完成するのが、中生代の白亜紀後半、今から一億年前から八〇〇〇万年前といわれている。それには昆虫の出現、とくに飛翔性昆虫の出現と被子植物の花の適応放散が前提になっている。これによって被子植物の種類が急増し、一気に種の多様化と分布の拡大ができた。これは花と昆虫との間に契約関係ができたからである。その頃は、まだ鳥も哺乳類もほとんどいなかった。後から出てくる鳥や哺乳類はおもに種子を運ぶことに関与してくる。鳥より遅れ、第三紀の漸新世(約三〇〇〇万年前)に現れるサルは、おいしい果実(周食型)を探すことに活路を見出すことになる。

「多様な生命を抱える熱帯林の価値は、そこにしか一億年間の生物の共生進化の歴史が残っていないからである」という井上教授の言葉が忘れられない。[*34] ご冥福を祈る。

ランビルの森で一斉開花の際、ドリアン、マンゴーなど六四種の野生の周食型果実が調べられた。この森では、これらの果実の種子散布者である昼行性霊長類が人間によってすでに絶滅させられており、果実がその場に落ちて食べられることなく腐敗していたり、本来の散布者以外の動物によって種子がかじられたりしていた。したがってこの森はすでに森林の維持に必要な種子散布者を欠いており、たとえ樹種多様性が現在も維持されていても、その多様性を作り出した生物間のネットワークはすでに働いていない、遺存の林である。[*141] 熱帯林は多様な動物や植物が複雑な生態系を作り上げて初めて安定しているのである。

(3)　キナバル山

東南アジアで最高峰のボルネオ島のキナバル山（標高四一〇〇メートル）（図73）は、かつてはスンダランドの一部であったボルネオ島の東北端の赤道近く（北緯約五度）に位置する。ここは植物の多様性が高いうえに原始的な被子植物が多く、ブナ科の常緑性のシイ、マテバシイ属やクリガシ、コナラ属などの分化の中心地になっている。しかもキナバル山では、これら北半球の植物群に混じって、南半球からの針葉樹やフトモモ科の被子植物が共存分布している。[*31・116]

熱帯の山岳地帯で多くの植物群が共存できるのは、温度と水分条件がマイルドで、季節変化が少ないために、未分化の植物群でも淘汰されずに生育できるからである。[*31] 私は植物の寒冷適応を研究する者として、そのような形で生物と環境とが共存している、そんな森林や植物群を見ておきたいと思った。そこで定年三年前の一九八〇年に熱帯の高山であるパプアニューギニアのウィルヘルム山(四五一〇メートル)(図73)の氷河湖のある樹木限界(約三五〇〇メートル)まで現地の人の案内で

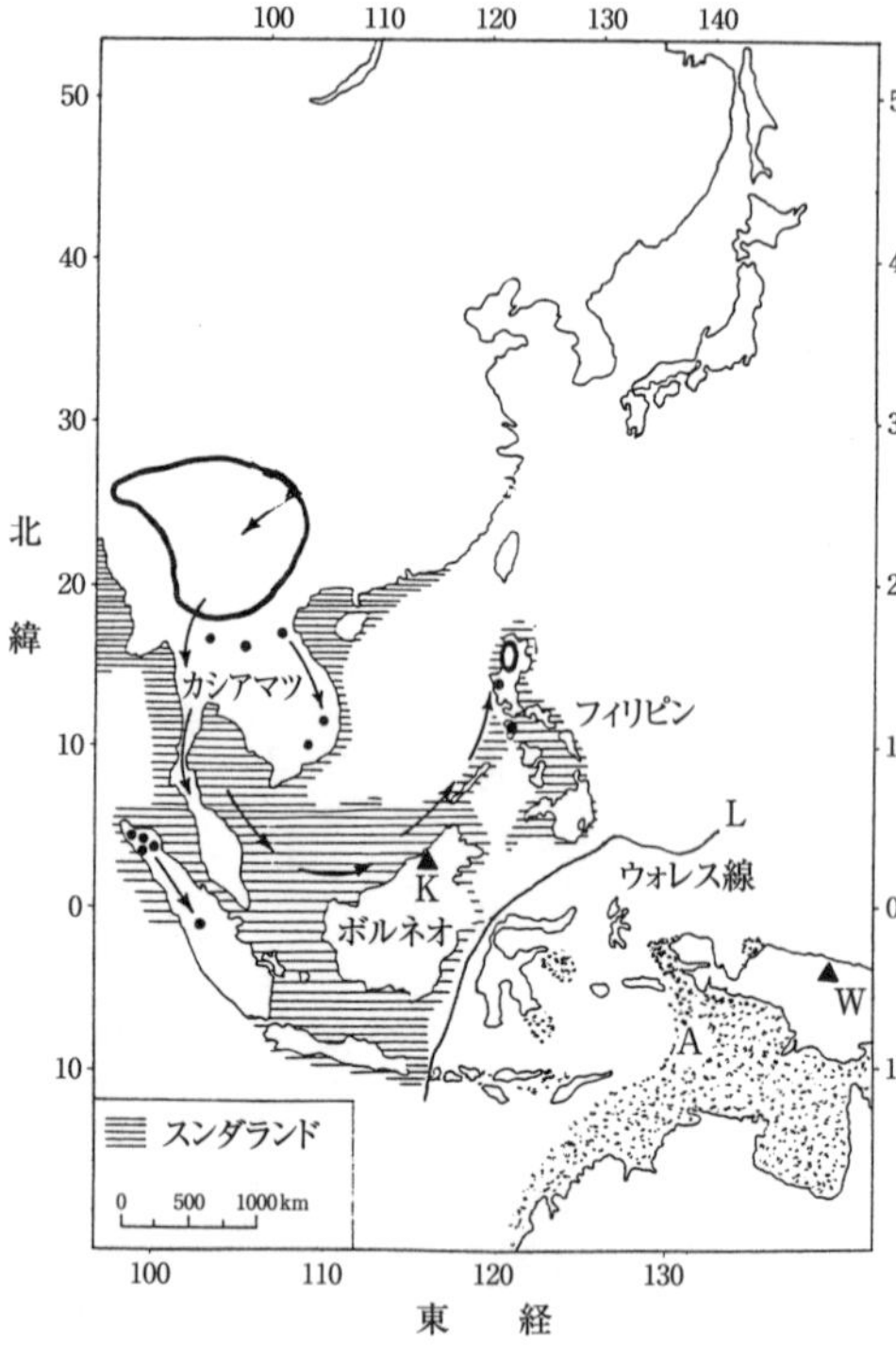

図73　スンダランド[*72]．点描A：氷期の陸化したアラフラ海地域，K：キナバル山，L：ウォレス線，W：ニューギニア島のウィルヘルム山，矢印：氷期におけるカシアマツの南下移動路

登り、三日間一人で調査した。帰る前夜、防寒服をまとい満天の星空のもとに立ちつくして、熱帯高地の寒さを味わった。真っ白に霜が降りていた。最低温度は－1℃であった。

一九九七年二月初めに東邦大学の丸田恵美子さんから、三月下旬にボルネオ島のキナバル山に登り、高山帯の植物の耐凍性を調べるが、ぜひ、同行してもらえないかとの誘いを受けた。七七歳の喜寿を記念して、標高三三五〇メートルの高木限界近くにあるパナ・ラバンの山の宿舎まで登る決意をした。成田空港からボルネオのコタキナバルまで一週間に一回出ていた直行便に乗り、コタキナバルからは車で一時間半でキナバル登山事務所に着いた。コタキナバルのあるサバ州は自然が豊富で自然保護、管理がよく行き届き、物資も豊富なところである。

i　キナバル山登山

キナバル山は三月に降雨量が最も少なく、登山には最適の季節と考えられた。約一六五〇メートルの高さに位置するキナバル山登山事務所付近(平均気温19.9℃)の低地カシ林を見て驚いた。多くの木が一斉に新梢を伸ばしていたからだ。まさに春である。同じように標高三〇〇〇メートル付近でも新梢を伸ばしている植物が多かった。熱帯では季節性がないので、植物は自分の生長リズムで生長しているとばかり思っていた。登山事務所前で、ここで葉のフェノロジーの調査をしておられた京都大学の菊沢喜八郎教授と久しぶりに会い、付近の森林植生を案内してもらった。

最初の夜は登山事務所近くにある立派なレストランで夕食をすませ、宿舎で厚着して寝ようとしたが、一枚の薄い毛布では寒くてとても眠れなかった。日中は25℃前後と快適であるが、熱帯でも一六〇〇メートルの山地では夜は10℃以下に冷え込む。この夜間の冷え込みが、山麓周辺で熱帯雨林を作っているフタバガキ科の高木に代わって、暖帯常緑樹の山地カシ林が現れる理由であろう。キナバル山には、パプアニューギニアであんなに多く見た、南半球のブナ科のナンキョクブナ(常緑性)は分布していなかった。山地カシ林を過ぎ、木の幹がコケ、シダ、ランなどで覆われたセン苔林(雲霧林)の中の竹やぶ、生い茂るシダの群生地を過ぎて約二七〇〇メートルまで登ると、植生が急に変わった。地面が黄褐色になり蛇紋岩地帯に入る。そして南半球で見慣れた針葉樹ダクリジウムやフトモモ科のレプトスペルマの花が目立つようになった。また時折、熱帯性のシャクナゲ(ビレラ)やランの花も目に入る。標高二九〇〇メートル付近から、森林の彼方に山頂がそそり立つのが見え始めた。さらに三〇〇〇メートルを過ぎると、露出した大きな花崗岩や氷期の岩砕堆積地に入る。そして呼吸が次第に苦しくなる。そこには樹高数メートルほどの岩砕植生が発達していた。やがて高木限界に位置する美しいパナ・ラバン(三三五〇メートル)のレストハウスが見えてきた。朝八時に出発し、約六時間半かけて午後二時半頃、目的地になんとかたどり着くことができた。花崗岩質の表面がむき出しになった白く光る山頂が一望できた。その表面が白く光って見えるのは、岩の表面が薄く氷で覆われているからである(図74)。

ここから山頂に向けて、岩の割れ目やくぼ地の土砂や水のたまりやすい場所に、コメススキ、リンドウ、キンポウゲ、キジムシロ、ハリイといった周北極植物や、矮小化した南半球のレプトスペルマが群生していた。とくに頂上近くで見た矮小でクッション状になった植物が、晴れれば氷点下

図74　後方に見えるのはキナバル山の山頂（パナ・ラバン付近から，丸田恵美子撮影）

に冷え込む環境下で、何度までの凍結に耐えられるのか興味深い。なお三七八〇メートルで定期的に測定された気象データ[*50]によると三月の平均気温（百葉箱）は10.3℃、日平均最低気温は3.3℃である。この平均気温10.3℃は北海道大雪山の白雲小屋（二〇〇〇メートル）の近くで七月に測定された値に近い。おそらく三七八〇メートルから頂上の四一〇〇メートルに生育する植物は、大雪山の夏の高山植物と同じく−7〜−10℃の低温には耐えるであろうと推測した。もし休止状態の植物を一週間0℃か−3℃にさらして低温馴化させれば、おそらく−15〜−20℃でも生きられるだろう。そしてこれが熱帯高山帯で生きる植物の、最高の耐凍度と考えられる。

札幌に帰ってから、このパナ・ラバン付近より高いところにはアリが生息していないことを、北大の東正剛教授から聞いた。またキナバル高山帯での高山植物の花粉を媒介する昆虫（ポリネーター）調査によると、ハチ類は観察されていない。[*59] 気温の低さがハチ類の行動を制限しているようだ。ここでは一日の最高気温が7～10℃で、夏の季節がないかのようである。こうした気候下ではハエ、ハナアブ、ユスリカなどの小型ハエ目昆虫がポリネーターとしての役割を果たしている。

ii　エルニーニョ現象とキナバル山森林限界付近の植物の大量枯死

一九九七年のクリスマスの頃、南米ペルー沖で海面の温度が上がり、地元の漁師たちは「エルニーニョがやってきた」と言った。赤道付近で温められ軽くなった海水は、通常、貿易風によって赤道に沿って西に吹き寄せられ、インドネシア、ボルネオ島、ニューギニア島などの西太平洋にたまる。このため同海域は南米沖に比べ数十センチメートルも海水面が高くなり、海水温度が上昇する。この暖かい海面上に上昇気流が発生するため、マレー半島、インドネシア、ボルネオ島、ニューギニア島などでは冬の季節にも降雨がもたらされ、熱帯雨林が成立している。しかしなんらかの影響で貿易風が弱まると、西太平洋に暖水を押しとどめることができなくなり、暖水域が東に広がりエルニーニョが始まる。それにつれて、暖かい海面の上空に発生し雨をもたらす上昇気流も、太平洋の西部から中央部に移動する。エルニーニョの影響でインドネシア、ニューギニア島、オーストラリア北部では降水量が減少して干ばつが起きた。とくにニューギニアでは一九九七年二月から雨がほとんどなく、一〇〇年ぶりの干ばつが続いた。またボルネオ島のインドネシア領カリマンタンやスマトラ島では森林火災が相次ぎ、東南アジアで大きな環境問題に発展したほどである。ごく最

図 75　キャノピィウォークウェイ（ポーリン温泉付近，著者撮影）

近、私たちが見たキナバル山のパン・ラバン付近の森林限界の多くの植物が、一九九七年一二月以来四カ月続いた異常干ばつのため大量枯死したと聞き、熱帯の森林限界上部の植生がエルニーニョによる異常気象の影響を大きく受けていることに驚いた。

iii　**キャノピィウォークウェイ（樹冠遊歩道）**

キナバル国立公園の東方に第二次大戦中に日本軍によって開発されたポーリン温泉（海抜約五〇〇メートル）がある。その近くにフタバガキ科の高木（約七〇メートル）をアンカーとして、約四〇メートルの高さに長さ約二〇〇メートルほどの吊り橋（図75）が架けてあり、林冠が歩ける。これは観光用の樹冠遊歩道で、そこを歩きながら樹上の動物や昆虫を見ることができる。下を見ると足がすくむ高さである。今までは樹冠近くの花を直接見ることができなかったが、この施設によって開花状況、授粉に訪れる昆虫や動物、開花に伴って花から出される誘因物質、林の中の上昇や下降気流、微気象、鳥や昆虫、動物の行動などを調査できるようになり、興味深い発見が続出しているようだ。熱帯に限らず、最近は温帯林（たとえば北大苫小牧演習林）でも樹冠での観察研究が盛んになっている。

(4)　スンダランド

東南アジアのスンダランド海（図73参照）の深さは約一〇〇メートルで、氷期には海水面の低下（最終氷期に約一八〇メートル低下）によってインドシナ半島やマレー半島とボルネオ島、スマトラ島、ジャワ島、フィリピンの一部などを含むスンダランドが何回も形成された。また第三紀の終わり頃、ニューギニア島の大部分が陸地化され、さらに氷期にはニューギニアとオーストラリアを隔てるアラフラ海（図73、A参照）が陸地化された。さらにマレー半島からスマトラ島、ジャワ島、大・小スンダ列島を経てニューギニア島南部に通ずる地域が高地化して、インド・マレーシア植物相とオーストラリア植物相との交流のルートが形成された。これらの移動路を通り、北半球の植物群が分布を広げたのである。たとえばシャクナゲ属は中国の雲南から南下して熱帯性のマレーシャクナゲを分化し、ニューギニア島からフィジー諸島まで広がった。またアジアの暖帯にも広く分布する常緑カシ林（照葉樹林）は、マレー半島からニューギニア島にまで広く分布し、熱帯山地カシ林を形成している。一方、オーストラリアやニューギニア島などの南半球の針葉樹もこの移動路を通り、マレー半島やタイにまで移動した。またスンダランドは、われわれモンゴロイドの移動分布に大きな役割を果たした。

生物地理学上の有名なウォレス線（図73、L参照）は、インド・マレーシア生物群とオーストラリア系生物群の境界線で、これはバリ島とロンボク島間の、狭いが深い海峡を北上している。

6　寒さを忘れない熱帯自生のヤナギ

(1)　先駆樹種としてのヤナギの特性

ヤナギは染色体(2n＝38)の多様な倍数化(五倍体まで)と交配を繰り返して、約四〇〇種に及ぶ種を分化した。北半球の温帯から亜寒帯にわたる広い地域に、おもに河川と結びついた先駆樹種として分布した。ヤナギの学名はケルト語の *Salix* で、sa(近い)とlis(水)からきている。またヤナギは地表を這う矮小な種を一〇〇種以上も分化して、極北や高山のツンドラ地帯にまで分布を広げている。さらに驚いたことは、祖型と思われる形質をもつヤナギの一群が、高温で季節性が少ない熱帯圏への高い分布障壁を越えて、乾季のあるアジアの熱帯圏、アフリカおよび南アメリカにまで分布域を広げたことである。熱帯圏にも自生のヤナギがかなり大規模に分布していることは、日本ではほとんど知られていない。しかも、これらのヤナギは熱帯や亜熱帯低地に何千年か何万年か生活していても、かつて獲得したであろう耐凍性を潜在的に保持し、低温にさらされると、かなりの耐凍度を発現する。

ヤナギは早春、ほかの樹種に先立って開花し、種子の結実が早く、軽い種子を多量に散布して新しく出現した裸地を占拠する。そのうえ発根力、再生力が強く、折れた小枝が流れ着いた岸辺で個体を再生できる。さらにヤナギは氾濫後の覆土からの回復力も強い。また、シラカバ、ポプラなどほかの多くの風媒花の先駆的落葉広葉樹と違い、蜜腺をもった虫媒花樹種である。こうした自分独特のスタイルを保ちながら、北半球はもちろん熱帯や南半球にまで、河川と結びついて分布を広げている。

(2)　熱帯ヤナギ研究の動機

日本国内に自生する温帯性のヤナギは、九州に分布するヤマヤナギを含めて、寒さにさらせばいずれも－70℃までの凍結にも、また－30℃から液体窒素温度（－196℃）に冷却しても生きていることを、私は一九六〇年頃に確かめた。そこで亜熱帯や熱帯にもし自生しているヤナギがあれば、それらがどの程度の凍結に耐えるか、試してみたくなった。こういったヤナギの冬の枝を送ってもらうために、約五〇通ほどの手紙を外国の知人や植物園に出した。それは一九六五年頃であった。

最初に送られてきたヤナギは、メキシコの著名な植物学者で、親しくしていた故松田英二博士からの *Salix bonpladiana* であった。このヤナギはメキシコから南米のアルゼンチンまで分布しているると記されていた。インドやパキスタンの林業試験場からも、次々とインドヤナギ（*Salix tetrasper-*

ma)が送られてきた。インドの文献から、このヤナギ一種のみが、パキスタン、インド、ミャンマー、タイの熱帯や亜熱帯の低地(海抜約一〇〇〇メートル以下)の川沿いに広く分布していることを知った。それに対して、インドやパキスタンの一〇〇〇メートルを超える高海抜地やその北部温帯地域には、ヨーロッパ、ロシア、中近東に広く分布する多くの温帯性のヤナギが分布していることも知った。

さらにアフリカのエジプト、スーダン、アンゴラ、南アフリカのプレトニアから別のサフサフヤナギ(*Salix safsaf*)が送られてきた。このヤナギは現在イランやイラク南部の暖地の川沿いに分布している。おそらく、このヤナギがアフリカの大峡谷を川沿いに南下し、新しい種を分化しながら、アフリカの南端や西の端アンゴラまで分布を広げたものと考えられる。なお南半球では、ニュージーランドやオーストラリアにヤナギが分布していないことから、ヤナギは北半球起源の植物と考えられる。こうしてアジア、アフリカ、南米の亜熱帯や熱帯に、北半球の温帯性のヤナギと異なる特殊なヤナギが分布していることを知った。

送られてきたヤナギを挿し木して、実験に使用することにした。また、そのうちいくつかの枝を持参して、ヤナギの国際的専門家、東北大学の木村有香教授を訪れた。木村教授は大変喜ばれ、これらのヤナギの芽はりん片が腹部(枝に面した側)で癒着しないで、瓦状に重ね合わせになるだろうと指摘された。なお、木村教授は、一度癒着した芽のりん片が再び離れて重ね合わせになることはないとの立場から、ヤナギの分類を一九二八年に見直された。[*47] すなわちりん片が重ね合わせ(図76)

になっているヤナギは原始的形質をもつ多雄蕊のヤナギ subgenus Protitea、りん片が癒着して袋状のものが新しい真性のヤナギ subgenus Eutitea で温帯に広く分布しているという。このことを聞いて、インド、アフリカや南米から送られてきたヤナギの芽のりん片を調べたところ、いずれも瓦状に重ね合わさり、原始的な形質のヤナギであることがわかった。またこれらのヤナギの染色体数は $2n=38$ の基本数のものが多いことも知った。

集めたアジア、アフリカのヤナギを温室(最低温度10℃に維持、自然日長、札幌)で温帯のヤナギと一緒に三年間栽培した。その結果、温帯のヤナギはいずれも秋に短日下で伸長を止め休眠に入り、落葉状態で三〜四カ月を過ごした。それに対して、熱帯のヤナギは自然日長下で10℃以上の温度では落葉することなく、持続的に伸長を続けた。一年に一度、冬季に一〜二週間伸長を止め、新芽を開いた後に古い葉を落とし、また伸長を続けた。すなわち寒さや日長によっては休眠、落葉しないヤナギであることがわかった。

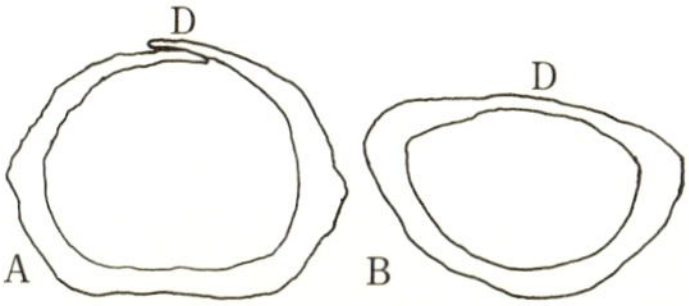

図76 原始的な形質をもつヤナギ(A)と真性のヤナギ(B)の芽の腹部りん片．A：りん片がDの部位で重ね合わさり，癒着していない，B：りん片が癒着して袋状になっている

札幌で戸外に植えて秋に十分寒さにさらしてから、成熟している枝を調べたところ、冬の気温が10℃以下には下がらない亜熱帯のインドやアフリカのヤナギは約−20℃の耐凍度を示した。*100・107 しかし赤道近くに自生するヤナギが本当に氷点下の温度に耐えるかどうかは、私の定年(一九八三年)前には解明できなかった。

こうして集めたアジア、アフリカの原始的ヤナギの鉢植え苗は定年前に木村教授を通じて東北大学植物園に寄贈した。日本における、唯一の原始的形質をもつヤナギの生きたコレクションであると、木村教授は大変喜ばれた。そのなかに南アフリカの最南部に分布するヤナギ(*S. mucronata*)があった。これは木村教授が若き日にアメリカの友人からの乾燥標本を調べ、原始的形質をもつヤナギと判定し、一九二八年にヤナギの分類を原始的と真性の二つの亜属に分けられるきっかけとなった記念のヤナギである。その生きたヤナギを私が持参したとき、木村教授は「初めて現品を見た」ととても喜ばれた。その木村教授も一九九六年、九六歳の高齢で他界されたが、九〇歳までヤナギを採集しておられたと聞く。

(3)　ボゴール植物園でのヤナギとの出会い

一九九五年一〇月初め、インドネシアのボゴールにあるバイオテクノロジー研究所で、遺伝資源の液体窒素保存についてセミナーを行う機会をもった。まずボゴール植物園を訪れ、熱帯ヤナギがあるかどうか調べた。ボゴール植物園は一八六〇年にオランダによって造られ、世界中の熱帯植物が集められている国際的にも有名な植物園である。

なんとここの植物リストには *Salix tetrasperma* があるではないか。これはインドやタイに広く分布するインドヤナギと同種である。広い植物園内を植栽地図を頼りに探して、やっと二本の巨木の前に立った。間違いなく *Salix tetrasperma*、スマトラ原産と記されていた(図77)。樹高約四〇メー

図 77　インドネシアのボゴール植物園に植栽のヤナギ(*Salix tetrasperma*)(スマトラ原産)．樹高：約 40 m，胸高直径：1 m(著者撮影)

トル、胸高直径は約一メートル、幹の基部からたくさんの新梢が出ていた。その近くに池があり、この池がこれらのヤナギを長年支えてきたのだろうと思った。それは、ほかの二カ所に植えられたヤナギはもはや存在していなかったからである。このヤナギの巨木を見て久しぶりに興奮し、うれしさのあまり根元に三時間ほど座り込んでしまった。植物園開設時に植えられたものとすれば、約一八〇年の樹齢である。このヤナギの巨木を見て、私は再び熱帯ヤナギのとりこになった。

翌年の一九九六年、バンコクの北方にある古都アユタヤとチェンマイで、川沿いに自生するヤナギ(*Salix*

図78　バンコクの北約80 kmのアユタヤに自生するヤナギ(*Salix tetrasperma*)．これらのヤナギは高木性であるが，1〜2年ごとに家畜の飼料として刈り取られ灌木状にとどまる(著者撮影)

tetrasperma)(図78)の枝を採集した。このヤナギは現地では乾季(一一〜四月)の一二月末に落葉し、一月中頃新しい葉を展開することを知った。また、再び訪れたボゴール植物園では、園長からの特別許可を得て、幹の地面近くに萌芽している数本の枝を持ち帰ることができた。

出雲市にある島根県農業試験場の松本敏一さんに、温室での挿し木、戸外での観察と凍結実験を依頼した。出雲市の戸外では、一二月になって温帯のヤナギが落葉しているのに、熱帯のヤナギは一二月末になっても緑の葉をつけたままで伸長を続けていたが、一月の強い降霜で葉と枝の先端が枯死した。すなわちこのヤナギは、秋の短日や低温下では落葉して休眠に入らないことになる。一月末に越冬中の枝を0℃に二週間さらしてから凍結してもらった。その結果、タイのアユタヤ（北緯約一二度、一月の平均気温26℃）のヤナギは－7～－10℃、チェンマイ（北緯約一八度、標高三一三メートル、一月の平均気温21℃、日平均最低気温13℃）のヤナギは－15℃の凍結に耐え、開芽伸長した。またボゴール（スマトラ原産）のヤナギは生育が悪く、枝の条件も悪かったが、－5℃の凍結には耐えた。すなわちこれら熱帯圏のヤナギは、長年、熱帯の赤道近くで生育していても、かつて熱帯周辺の暖帯地域で獲得したであろう耐凍性を保持していて、0℃近い低温にさらされたとき、それをある程度発現したと解釈される。それに対して、熱帯雨林の代表的樹種である落葉性のフタバガキ科の落葉期の枝は、まったく凍結には耐えなかった。また熱帯から沖縄に北上しているアコウの冬の落葉した枝を寒さにさらしたのち凍結したが、－5℃で凍死した。

こうして得られたいろいろの事実から、東アジアの熱帯圏の低地に広く分布する原始的なヤナギ（*S. tetrasperma*）について次のような想像をしてみた。この原始的な形質をもつヤナギは、温帯に分布する生活力旺盛なヤナギと比べ競争力が弱いため、北半球の温帯域に分布を広げることができず、おそらくアジアの亜熱帯周辺の暖帯域に分布が限られ、遺存分布していたものと考えられる。それが氷期に南下し、そこで休眠性を失い、乾季のある熱帯の河川と結びついて分布を広げたものと推測される。この場合、南下したほかの多くのヤナギは、気温の回復後、適温を求めて再び温帯域か高地に移動したのであろう。しかし東アジアでは、このヤナギ一種だけが乾季のある熱帯圏や亜熱帯圏にとどまり、そこで河川と結びついて分布を広げた。西南アジアでは、イランやイラクの南部に自生する原始的形質をもつサフサフヤナギ(*S. safsaf*)が、中近東からアフリカの大峡谷を南下してアフリカに分布を広げた。そしてこのヤナギは多くの種を分化しながら、アフリカ南端や南西部のアンゴラまで、河川に結びついて分布を広げている。なおインドに分布するヤナギと中近東やアフリカに分布するヤナギの中間的性質をもつヤナギ(*S. acmophylla*)が、両者の分布域のほぼ中間的地域(アフガニスタン南部から中近東)に分布することは興味深い。なお北アメリカでは、メキシコに分布する原始的形質をもつ *S. bonplandiana* は、そこから南米に南下している。

マルバヤナギは日本に自生する唯一の原始的形質をもつヤナギの仲間で、宮城県北部を分布北限としている。また台湾にも二〜三種の原始的形質をもつヤナギが自生していることが知られている。

ケショウヤナギ(ケショウヤナギ属)とオオバヤナギ(オオバヤナギ属)はヤナギ科に属する祖先型のヤナギであるが、ヤナギ属(*Salix*)の植物ではない。こうした古いタイプのヤナギの仲間は蜜腺を捨てて風媒花になり、本州中部、北海道、東アジアの寒冷地に分布している。これらは熱帯のヤナギと同じように、りん片が腹部で癒着しておらず、染色体数も2n＝38の基本数をもっている。

最近、東北大学理学部植物教室の大橋教授の研究室で、東隆行博士(現在、北大植物園)がＤＮＡなどの解析から、原始的な形質と基本的な染色体数をもつ前の熱帯に分布するヤナギが、比較的新しい時期(現在から約三六万年前以降、すなわち氷期の中期)に種分化したことを示す結果を得ている。[*7] これらの種分化に際して派生的な形質の分化は起こらなかったが、この種分化が、低温や日長休眠を失い、寒さから解放され、新しく熱帯低地の河川に結びついて分布を広げる契機になったと考えれば興味深い。

いずれにしてもヤナギは、地球上のいろいろな異なる温度環境、温帯、極地、高山帯、熱帯と、おもに河川と結びついて分布を広げている。やはり木本植物のなかのスーパースターである。最近、南アフリカの各地で河川の砂防工事のために、生活力の旺盛な北半球のシダレヤナギが植栽され、その小枝が下流域に流れ着き増殖し、生活力の低い原生ヤナギに脅威を与えていることが報告されている。

7　移り変わる自然のおきて

個々の木は土地に固着して生活し移動しないが、森林植生は長い時の流れのなかで、環境や気候の変動に対応して移動、変遷と盛衰を繰り返してきた。森林群落の時間的な移り変わり、すなわち森林の遷移は数百年、せいぜい数千〜数万年といった時間単位の群落相の変化である。これに対して地史的なもっと長い時間単位での変化もある。遷移とは広い意味で優占種の交代である。地球を舞台にした三〇億年にわたる生物の進化の歴史は、壮大な優占種の交代の歴史とも見られる。

(1)　気候変動と森林植生の変化

i　氷期における森林の移動

約一六〇万年前から現在までを第四紀と呼ぶ。第四紀は一六〇万年前から約一万一〇〇〇年前までの更新世(氷河時代)と、それ以降の現世(後氷期)とに二分される。氷河時代には少なくとも四回の氷期と間氷期とが繰り返された。最終氷期は今から七万年前に始まり、一万一〇〇〇年前に終わった。その最寒冷期には世界的に海水面が現在より約一〇〇メートル低下し、気温は約7℃下がったといわれている。年平均気温が7℃下がれば、東京の年平均気温（現在15℃）は札幌のそれ（7.8℃）とほぼ同じになり、また札幌の年平均気温は現在の西シベリア並みの0℃近くになる。また高度一〇〇〇メートルごとの気温差は約6℃なので、最寒冷期には山地植生は約一〇〇〇メートル以上も低下したことになる。北海道の内陸部の多くは、疎林を交えたツンドラ地帯となっていたと推測されている。[*33] 最終氷期の最寒冷期には、日本の暖帯照葉樹林[*128]は太平洋の一部沿海暖地を除いて本州から去り、東北地方から中部地方内陸部は亜寒帯針葉樹林で覆われていたと思われる。東京都江古田の最終氷期の地層からはエゾマツ、オオシラビソ、カラマツなどの北方針葉樹の化石が見つかっている。[*128] こうした氷期と間氷期の繰り返しのなかで、植物は適温を求めて分布を南に、あるいは北に移動して生き続けたが、ヨーロッパアルプスのように東西方向に走る山脈が存在するところでは、植物は南への移動が妨げられ、多くが絶滅した。

　最終氷期が去ったのち気温は変動を繰り返しながら上昇し、後氷期における最高の温暖期＝ヒプシサマール期（六三〇〇年前）の気温は現在より約3℃高かったといわれている。そして日本では、氷期後の温暖化の時期に、ブナは積雪地を中心に急速に分布を北に広げ、約三五〇〇年の間に若狭湾沿岸から本州北端にまで到着している。このように温度の変動に伴う森林の移動はかなり速い。気温の低下に伴い森林が後退するときには、条件に恵まれたいくつかの地域が植物の避難場所となる。そこで厳しい時期を乗り切って生き残った植物集団が、気温の上昇につれて避難場所から繁殖を始める。種子を散布して次第に分布域を広めながら、互いにそれらがつながる。このようにして、飛躍的に分布を広めることが可能になると考えられる。

土地に固着して生きる木自身は移動できないが、木は森林として集団で存在しているので、その集団から散布される種子は莫大な数になる。木の寿命を二五〇年とすれば一〇〇〇年で四世代、五〇〇〇年で二〇世代を繰り返すことになる。そしてばらまかれた莫大な種子は、気候変動という自然の選抜を受けながら子孫たちへとバトンタッチされ、長い時間をかけ、適温を求めて森林をかなりの距離移動させる。

ii　絶滅した山岳植生

東北地方の日本海に面した山々はいずれも豪雪地帯で、標高八〇〇メートル以上の地帯は平均三～四メートルもの最深積雪に覆われる。さらに高度が増すにつれて上層のブナは樹高を減じ、立木密度も減少し、それとともに下層にはほふく型の灌木層(ブナ、ミヤマナラ、ミヤマハンノキ、ミヤマカエデ、タカネナナカマド、チシマザサ)が現れる。この地域は、針葉樹が出現してもよいと思われる高度に、まったくこれを欠いている。こうした領域を偽高山帯と呼んでいる。従来この現象は、多量の積雪がもたらす雪圧が針葉樹の生育を阻害しているためと考えられていた。

一九八二年梶は苗場山でのブナの研究から、後氷期の温暖期に森林植生が今より二〇〇～四〇〇メートル上昇したことを確かめ、偽高山帯の現象について次のような仮説を立てた。すなわち、後氷期の温暖期に各山岳森林植生帯は適温を求めて山岳を上昇するが、その際、針葉樹林帯の下限高度がその山岳の標高を越えて上昇するときには、その分布帯はその山岳の上方に押し出されて消滅してしまうだろう。したがってこうした山岳では、温暖期に続く冷温期の植生下降のときに、押し出された植生を欠く植生帯になるだろう。一方、十分な高度をもつ山岳では、上部植生帯を欠くことなく温暖期の植生配列がほぼそのまま下降するだろう。こうして梶は、[*42]この地域の偽高山帯で欠如する植生をオオシラビソと判断し、その分布を現地植生、文献などから詳しく調べ、右の仮説を実証した。そしてこれが欠けた部分に、後氷期の温暖期に低木化した灌木林が拡大したと考えた。こうした偽高山帯は必ずしも多雪地帯に限らないこと、また同じ現象がアメリカの東部のアパラチア山脈でも見られることを明らかにした。

(2)　アラスカの森林の遷移と永久凍土の形成

植物の遷移は生態学の重要な概念のひとつで、時間的な植物の移り変わりである。たとえば畑や水田の耕作や除草を止めれば、ただちに雑草が一面に繁茂する。翌年には同じ雑草でもより丈の高い路傍雑草が繁茂し、四～五年もするとススキやチガヤなどのイネ科のものに変わり、やがて雑木林に変わる。つまりある植物群落から他の群落に置き換わり、より安定した群落へと移る。高等植物では、自己の形態や機能を変えてまで環境の速い変化の流れについてゆくことは難しいので、植物遷移を更新させてゆかねばならない。

アラスカの内陸部にあるフェアバンクス周辺は永久凍土の移行地帯にある。そこの丘陵地帯の南

図79　川岸の氾濫原のヤナギの実生集団（著者撮影，1974）

斜面や河川の近くは、シラカバやポプラのような広葉樹やホワイト・スプリュース（エゾマツの仲間、*Picea glauca*）といった樹高一〇～二〇メートル（胸高直径二〇～三〇センチメートル）の林がある。そうしたところでは夏の地温が高く、土壌が深くまで解けて排水がよく、肥沃である。それに対して丘陵の北斜面や平坦地では、地表近くにも永久凍土が存在する。そのため地温は約0℃で、排水が悪く、地表面は水ゴケで覆われる。そうしたところには樹高二～三メートルのブラック・スプリュース（*Picea mariana*）の湿地低木林が存在する。したがって植生を見れば、そこに永久凍土があるかないかがわかる。

アラスカ内陸部では、ヤナギ→ポプラ→常緑針葉樹のホワイト・スプリュース（極相林）→ブラック・スプリュース（湿地の極相林）と森林の遷移[*94]が続く。春にできた氾濫原の砂地に、開花結実時期が最も早いヤナギが最初に大量の種を落とし、処女地を占拠する（図79）。やがてポプラなど他の木も入り込むが、ヤナギは川辺の不安定地には特別強い。とくに、地面が何度も土砂で埋められても、幹から根を出して、その上に生長を続ける。

図80　大きな川の近くに成立するホワイト・スプリュースの森林(著者撮影)

しかし一〇～一五年も経過するとヤナギの落ち葉がたまり、砂地に養分が蓄積し、土地も安定してくる。こうした条件下ではポプラの生長がよくなり、やがて二〇年もするとヤナギの高さを追い抜いてポプラの林になって、短命なヤナギは消滅する。ポプラの林床の日陰で細々と成長していた耐陰性の針葉樹のホワイト・スプリュースは、大量のポプラの落ち葉で土地が肥沃になるにつれて生長を速め、一〇〇年前後でポプラの高さを追い抜くと、日陰で育たないポプラは衰退し針葉樹の林となる。こうして処女地からホワイト・スプリュースの林ができるまでに約二五〇年かかる。川沿いや南斜面では、夏に土壌が早く、深くまで解けるので、地温が高くて排水もよく、土壌も肥沃である。そうした場所ではホワイト・スプリュースが優占的に繁茂し、この林が遷移の終着駅になる(図80)。

しかし平坦地では、針葉樹の葉が地面を覆うと地表面の状況が一変する。すなわち三種類のコケの厚い層が地表面を覆う。こうなると地上の熱が地下に伝わりにくくなるために、冬に凍結した凍土が秋になっても解け切らないで地中に残る。やがて地面から新しい凍結が始まると、凍土がつらなり、季節凍土から永久凍土へと変わる。年間を通じて解けない凍土層が地表面近くに一度できると、排水が悪くなり、排水のよい土壌を好むホワイト・スプリュースは衰退する。代わって排水の悪いところでも生育できる水ゴケとブラック・スプリュースの低木湿地林に変わる(図81)。図82は植生の遷移の模式図である。[*129] こうした排水が悪い平坦地や北斜面では、この林が遷移の終着駅となる。アラスカやカナダの永久凍土地帯では、このように融解層の深さによって樹種の棲み分けが起こる。

夏乾燥しているアラスカ内陸部では野火が多い。野火によって湿地林が焼かれると、表面の植生が焼け、融解層が深くなり、また無機養分も増加して新しい遷移が始まる。なおブラック・スプリュースは山火にあって初めて球果を開き、多量の種子を散布する。このようにアラスカやカナダの永久凍土地帯では、植物遷移を更新させるうえで、河川の氾濫や野火が重要な働きをしている。

アラスカの森林では、その時代に栄えたものは、自己の活動によって自分に不適応な環境を作り出し、常に次の時代に栄えるもののために土壌を提供し、そうして植物の相が遷移してゆく。

図 81　ブラック・スプリュースの湿地林(カナダのイヌビック郊外，著者撮影)

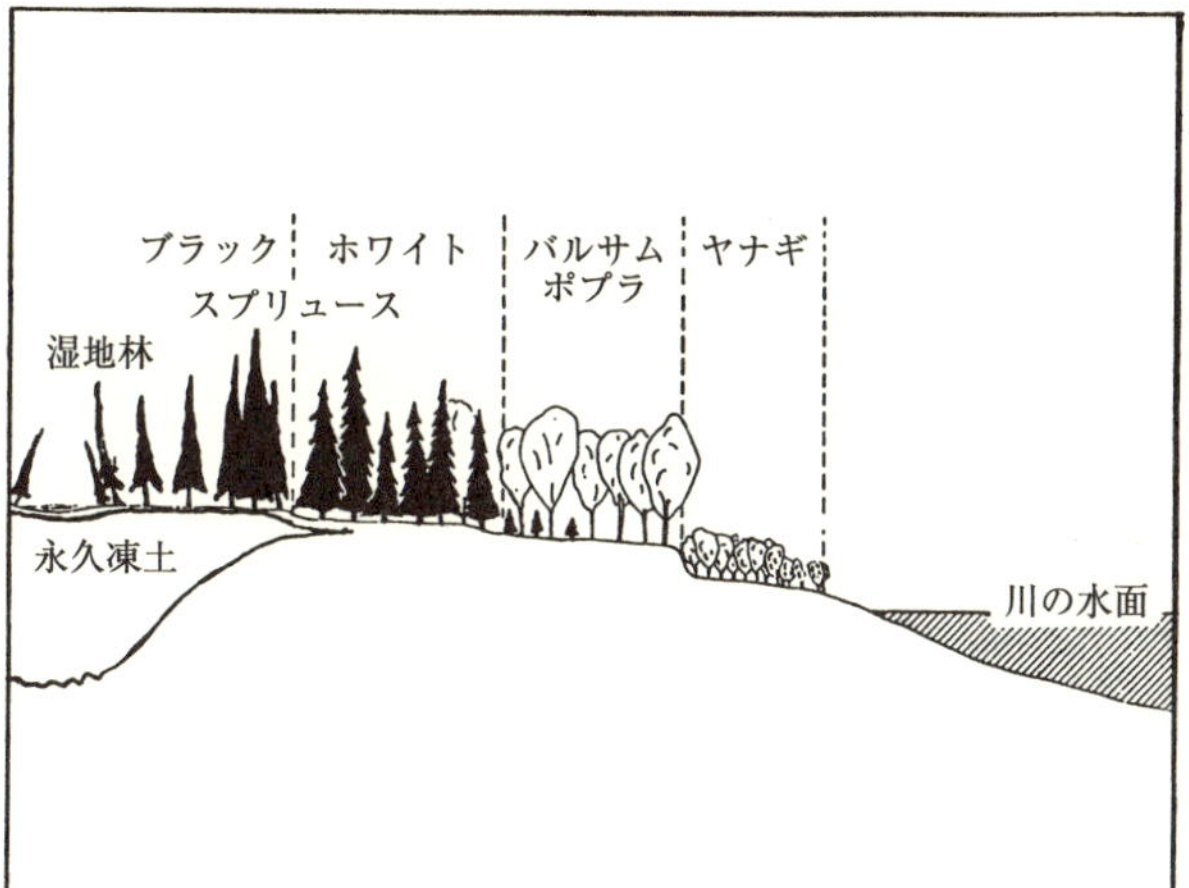

図 82　アラスカの森林の遷移模式図＊129

(3)　地史的な優占種の遷移

遷移とは優占種の交代でもある。地球を舞台にした三〇億年に及ぶ生物進化の歴史は、壮大な優占種の遷移の歴史とも見られる。魚類、爬虫類、哺乳類、そして現在は哺乳類の一部である人類の時代である。たしかに生々流転が自然の実相である。人類も例外ではないだろう。人間の繁栄のための営みが人類の生存に不適当な環境を作り出し、もし自ら変えてしまった地球環境に人類が生物学的に適応できなければ、人類に代わる次の生物界のリーダーに地球の支配を譲らなければならなくなるであろう。気がついたときには完全に手遅れではすまされない。人類の生存にとって地球環境問題がいかに重要かがわかる。人間が合成した化学物質で、自分たちの子孫を含む人間の免疫力や生殖機能が低下することはとても淋しいことである。さらに環境悪化によって、何千万年や何億年も進化を続けてきた多くの生物たちが絶滅の危機にさらされることは、まことに忍びないことである。人間が長い時間かけて悪化させた自然環境を再生させるには時間がかかるだろう。しかしそのために、おのおのが、まず自分のできることから実践してゆかなければならないと切に思う。

8　二五〇〇年も生きた世界の巨木

(1)　植物と動物の寿命

動物と植物の違いのひとつは、動物は動き、植物は動かないことにある。このことが、動物と植物の体の作りや寿命に大きく関係する。動物は植物と違い、自分で必要とする食物を合成できないので、動き回って他の生物を食物として手に入れるほかない。そのため高等哺乳動物は効率よく複雑な運動ができるように、神経や筋肉などの細胞が特殊に分化している。また、いつでも素早く複雑な行動ができるように、体温を一定の高い状態に保っているために、体内のエネルギー消費量が変温動物より三〇倍も多いといわれる。こうして、哺乳動物は体を速く動かすためにエネルギーを注ぎ、短命を選択したようである。[*70]

一方、植物は、光と水と無機養分が得られるよい場所を確保したら、そこを占拠し種子を生産して子孫を増やし続ける。ことに樹木は、太陽光を求めて体を高く大きくして、寿命を長くする戦略を選択している。植物細胞は硬い丈夫な細胞壁で包まれており、木の場合にはそれがよく発達し、一個一個の硬い細胞壁に囲まれた細胞がユニットとなり、ちょうど煉瓦を積み重ねるようにして木は大きく高くなる。その際、芽の先端の分裂組織(茎頂)が幹や枝の伸長に関わり、樹皮と木部の境にある形成層と呼ぶ分裂組織が幹の肥大生長に関わる。そして樹木の幹は、生長している部分の周辺部しか生きていないが、生きていない方が呼吸によるエネルギー消費が少なく、土台としては好都合である。また幹や枝などはセルロースやリグニンなど難消化性の高分子化合物からできており、さらにタンニンなどの食害に対する阻害物資を含んでいる。葉もタンニン、アルカロイドなどいろいろな食害阻害物質を含んでいる。こうした自己防衛のおかげで、動物によって生食される量は樹木の純生産量の数%を超えないといわれている。このように、樹木は動物によって利用しにくい食物資源だったので、地球はこれまで緑に保たれたともいえる。

植物の細胞のユニットはどの部分をとっても性質がよく似ており、体の構成細胞一個を取り出して人工培養すれば、一個の個体に再生する高い全能性をもっている。ことに芽の茎頂(生長点)は無菌培養で遺伝的に同じ植物体(クローン)を大量に栄養的に増殖できる。このように、植物と動物では体の作りも個体の寿命の意味合いも非常に異なっている。

植物は動物と違い、自然災害に遭わず恵まれた立地条件にあれば、かなり長く生きられる。そのうえカツラを始め多くの木は、老化すると幹の基部、表面や地際から何本もの枝が萌芽し、老朽化した親木の幹の栄養分を使って生長し、やがて独立木として親木の周辺に育つ(図83)。どうも木に

図83　老朽化したカツラの親木の栄養分を使って親木の周辺に育つ若木(藻岩山にて著者撮影)．N：親木の周りの独立木，O：老朽化した親の養分を吸収した根

は寿命があるようでもあり、ないようでもある。

(2)　世界の巨木と地中海性気候

アメリカのカリフォルニアには、樹齢二〇〇〇～三〇〇〇年に及ぶ長寿の巨木が多く存在している。また屋久島にも、一説によれば樹齢何千年といわれる縄文杉などの巨大なスギがある。しかし屋久島のスギは台風で折れたり、かつて幹の上部を伐採され、残った幹の基部が空洞化しているものが多い。とにかく何千年といえば、その間に台風、落雷、山火事、地滑りなどの自然災害が多く発生したであろう。たしかに巨木の残っている地域は自然災害が少なく、土地が肥沃で水分にも恵まれている。また生長量が大きく、台風がない熱帯雨林には巨木が多い。なお熱帯雨林の樹木には年輪がないので、樹齢はわからない。しかし高温湿潤であるため呼吸による消費量が大きく、樹齢は一〇〇～三〇〇年程度と推測される。熱帯林の樹高をしのぐ巨木は、むしろ中緯度の温暖帯針葉樹林に多いようだ。

アメリカの西海岸は夏は乾燥し、冬は雨の多い地中海性気候である。通常は一〇月中旬から二～三月まで雨季が続き、四月から一〇月末頃までは降雨がほとんどない。そのため夏の乾季には、地上の草はほとんど枯死して褐変した光景が続く。そして晩秋の雨季になると草本植物は発芽し、冬は雨に煙った一面緑色の山野に変わる。このアメリカ西海岸にはカリフォルニアからカナダのバンクーバー付近まで、海岸地帯から山岳地帯にかけて、ダグラスファーを主体とした温帯針葉樹林帯が広がっている。ここでは雨季の冬は温暖で強い冷え込みはないし、乾燥気候が続く夏は、霧による水分の補給と雪解け水が森林を支えている。

樹高六〇～七〇メートルのダグラスファーの巨木群は、カリフォルニアの北に位置する冬温暖なオレゴン州やワシントン州、さらには北海道より北に位置する北緯約五〇度のカナダのバンクーバー島にも存在する。またオーストラリアの西海岸も地中海性気候で、その南部に位置するパースのさらに南にある、樹高七〇～一〇〇メートルのユーカリ(常緑広葉樹)の巨木林も有名である。このように熱帯林を除けば、巨木はいずれも地中海性気候地域に多い。冬に雨が多く、夏に乾燥する気候帯の樹木は、高温多湿なモンスーン気候のものより樹病が少なく、幹の腐朽も少ないはずである。そのほか地中海性気候地域では、冬温暖で、幹の凍結を引き起こすような強い冷え込みがないことも有利である。冬の冷え込みが強いところでは、生長量をかなり犠牲にして早く生長を止め、冬支度に入ることを余儀なくされるからである。私は、地中海性気候地域に巨木が多いのは、こうしたいくつかの理由のためと考えている。

北海道のように夏の気温が比較的低く、冬の寒さが厳しいところでは、樹高はなかなか四〇メートルを超えられない。北海道の東大演習林で記録されたミズナラの最高樹齢は六一四年、北大天塩演習林でのアカエゾマツで記録された最高樹齢は六二五年で、樹高は四〇メートル、直径は一メートルぐらいである。しかし冬温暖なアメリカ西海岸のシアトル西方に位置するオリンピック国立公園(北緯約四八度)は、サハリン中南部とほぼ同じ緯度に位置するが、そこの温帯降雨林のシトカトウヒの樹高は九〇メートル、直径四メートル、円周一三メートルに達する。このような巨木は冬の寒さが厳しい北海道では見られない。

(3)　世界の巨木＝シャーマン樹

サンフランシスコの東方約二〇〇キロメートルのところにヨセミテ国立公園があり、その南東数十キロメートルの山岳地帯にセコイア国立公園がある。ここにあるジャイアント・セコイアのシャーマン樹 General Sherman は地際の最大直径一一・三メートル、同じく幹周り三二・八メートル、樹高八二メートル、推定樹齢二五〇〇年、推定重量一二五〇トンで、世界最大の巨木である(図84)。これらの巨木たちは屋久島の老木のスギと違い、幹の先端まで生きていて、現在も肥大生長を続けている。夏の乾燥気候を反映して、巨大な赤い幹の表面にはコケ、地衣類、藻類の付着は

図 84　ジャイアント・セコイアのシャーマン樹．樹高：82 m，地際の幹周り：32.8 m，推定樹齢：2500 年(著者撮影，2000)

図85　シャーマン樹の幹の地際部位（著者撮影，2000）

ほとんど見られない。

巨木のセコイアには地中深く伸びた直根がなく、また熱帯樹のように巨体を支える板根もない。しかし地際近くの幹がいくつも球状に盛り上がり、地表近くに張り巡らした根と連結して巨体を支えている（図85）。なお、このジャイアント・セコイアは、シェラネバダ山脈西斜面の年間降水量が比較的多い（一五〇〇ミリメートル）山地に分布する。しかし、この降水量はほとんどが冬の間の降雪（積雪深三メートル）によるもので、夏の間はほとんど降雨がない。こうした地域に生活するジャイアント・セコイアは、地中に蓄えられた雪解け水が夏でも利用できる盆地地形の緩斜面に生活し、乾燥気候と山火に対する見事な適応をみせている。

この地域は二〇年に一回ぐらいの割合で、落雷による森林火災が起きている。セコイアは表面のはげやすい外皮の内側に、六〇センチメートルに及ぶ厚い内皮をもっている。この内皮は燃えやすい樹脂を含んでいないため、落雷で外皮が焼けても焼け残る。また内皮や内部の材はタンニンなどのいろいろな化学物質を含んでいるために、昆虫の食害や菌類による腐朽を防いでいる。

さらに興味深いことに、乾燥地のマツやユーカリと同じように、その球果はヤニで堅く固められていて、火事によって熱せられないと開かない。そのため火事がなければこの球果は二〇年ぐらいは開かず、枝に付着したままである。たとえ球果が開き種子が散布されても、地表面に堆積した腐植層が火事で焼けて地面に接し、土で覆われないと発芽できない。

世界最大のシャーマン樹は幸いにも度重なる森林火災に耐え、昆虫の食害や菌類による腐朽を防ぎながら、二五世紀を生きてきた。しかし、ほかの多くの巨木がたどったと同じように、いつかはこの巨木もバランスを崩して倒れる日がくるであろう。バランスを崩す要因として、根の傷害、地面の崩壊、森林火災、周辺の環境の変化(道路の舗装、人の踏みつけ)、強風、異常冠雪、地震、気候の変化、さらに、これらの複合的要因も考えられる。

(4)　巨木と一年生草本

巨木として生き残るという戦略は、第三紀初め頃までの温暖で安定した気候と結びついたときは有効であった。たしかに樹体が大きいということは、環境の変化や自然災害にも強いという利点がある。しかし耐えきれないほどの大きな環境変化が起こると、新しい環境に適応するものを生み出す機会が少ないために、絶滅するか、恵まれた特殊環境でのみ遺存分布するよりほかない。カリフォルニアの現在のジャイアント・セコイアの森林も、自然状態では競争力の高いモミ属の針葉樹が侵入して競合できなくなるが、国立公園として保護管理され維持されている。

自然環境の長年月の変化を自然史という。長命な巨木たちは、幹にその変化を封じ込めた生きたタイムカプセルであり、自然史のモニターとして貴重な存在である。

巨木と対照的なのが一年生の草本植物で、ライフサイクルが短く、木が生育できない乾燥地や寒い地域にも分布を広げた。木と違い、一年生の草本植物は毎年多量の種子を散布する。巨木が一世代三〇〇〇年を過ごす間に、一年生草本は三〇〇〇世代を繰り返す。そしてその間に、遺伝的な変異に富んだ莫大な数の種子を散布し続け、環境がかなり速く変わっても素早く対応してゆく。短命な草本植物の強みは、なんといっても環境変化に対する変わり身の速さだ。さらに世代が時間単位や日単位で変わる微生物はなおさらである。

あとがき

一九四一年一二月、太平洋戦争の開始に伴い、繰り上げ卒業と徴兵検査の実施、学徒動員が始まった。私は結核で休学後で病弱のため、徴兵検査は丙種合格であった。私の希望は北大理学部の受験であった。幸いにも、翌春の一九四二年四月に北大理学部の動物学科に入学できた。戦争が次第に激しくなり、サハリンでの夏の集団勤労奉仕に続いて、一九四四年三月に召集徴兵されて、名古屋で軍隊生活を送った。戦地に移送の直前に要員過剰のため、幸運にも兵役解除となり札幌に帰った。私の兵役中に給費大学院制度が発足したが、私は選考の対象とならなかった。そして理学部は卒業できたが、研究を続けることができず、実家に帰った。それでも戦争中の理学部で過ごした二年余の学生生活で、研究する喜びを知った。戦後、食糧事情がよくない札幌に、無給副手として研究室に戻ったのも、一途に研究がしたいためであった。しかし二年後の一九四八年六月の終わりに結核が再発し、小樽港から氷川丸で友人に見送られて、郷里の名古屋郊外の実家に戻った。これで、もう札幌とも北大とも最後の別れになるかと思った。幸い、それから五年のちに、青木廉教授の計らいで北大低温科学研究所に復職できた。

戦時中に学んだ名古屋工専に赴任してこられた平田徳太郎校長が、中谷宇吉郎教授と並ぶ雪氷学の著名な先駆者であることを知ったのは、低温科学研究所に復職してからである。また一九九二年にパリの研究所で講演したとき、友人の最初の質問は、「サカイ」とはフランス語で非常に寒い意味であるが、その「サカイ」がなぜ低温の研究を始めたか、その動機を知りたい、というものであった。また一五年ほど前に中国のハルビンの研究所から招かれたが、そのとき親しい友人から、「あなたは寒冷適応型の北方モンゴロイドの顔をしている」と言われた。長い研究生活のなかで何度も生命の危険にさらされたり、また好きな研究の場から去らざるをえない苦境にも追い込まれたが、そのつど思いがけない救いの手に助けられて植物と低温の研究が続けられた。どうも私は、札幌で「植物と低温の先駆的な研究」をするように運命づけられているように思われてならない。

結核で療養しているときに、バラ愛好家から見舞いにいただいた数本のバラの花を見て、その気品ある美しさと香りに魅せられた。それから療養中にバラ作りを始めた。このことが、研究所に復職後、青木教授の要請でクワの枝を用い植物の耐寒性の研究を始めるきっかけとなった。

その頃は、大学では植物の耐寒性の研究は、まだほとんど行われていなかった。耐寒性の研究は、特殊な設備がなかった当時は、おもに低温室の中と冬の屋外で行った。そのため秋になると、しばしば低温室に入り、まず自分の身体の耐寒性を高めることから始めた。こうして一九五三年に始めた植物の耐寒性と、一九五六年に世界に先駆けて始めた凍結保存の研究は、一九八三年の定年まで続いた。定年五年後の一九八八年アメリカの大学から帰り、自分の費用で一人で始めた、ガラス化法による植物の遺伝資源の長期保存(−196℃)の技術開発は、幸運にもその後、地方の試験場や外国の若い研究者十名余の協力を得て、約一四年間(二〇〇二年まで)続けることができた。ほぼ目標を達成し、次の世代への贈り物ができたと喜んでいる。

こうして、好きな研究を在職中も定年後も、八二歳過ぎまで、多くの若い研究者たちと四七年間も続け、自分の夢を追い求められたことは、本当に幸運であったと思う。研究を通じて、熱帯から極地まで地球上の多くの植物や森林を知り、植物や花を愛し、また多くの内外の研究者との出会いで、非常に多くのことを学ぶことができた。長い研究生活のなかで研究者として最高の喜びは、何回か未知の宝の山に分け入り、宝探しに夢中になった興奮と喜びの思い出である。

この本の出版に際して北海道大学図書刊行会の前田次郎氏にはとくにお世話になった。田中恭子さん、伊藤伸子さんには本書の素稿を読んでいただき、説明の過不足部分、重複箇所、難解な部分を指摘いただき、文章をわかりやすくするうえで、ひとかたならぬお世話になった。

また北大北方生物圏フィールド科学センター(前・北大演習林)の船越三朗氏と斉藤満氏には数多くの懇切な助言と意見をいただいた。ここに記して厚くお礼を申し上げたい。

在職中に、北大低温科学研究所で一緒に研究を進めた同僚の研究者、院生や研究生の皆さん、さらには定年後のガラス化法の技術開発の研究で、国際的に高く評価される技術に高めるために協力して研究を進めてきた、私の最後の十名余の仲間たちに感謝を申し上げたい。

北大低温科学研究所の福田正己教授と森林総合研究所の松浦陽次郎さんからは、たえず新しい資料を送っていただいた。菊沢喜八郎さん、丸田恵美子さんにはいろいろ教えていただき、いつも励ましの言葉をいただいた。これらの皆さんに厚くお礼を申し上げたい。

最後にこの研究を始める機会を与えていただき、たえずご理解と激励をいただいた、今は亡き青木廉先生にこの小著を捧げたい。また復職後の病弱な身体を支え、長い間、私が研究に専念できたことに対して妻の田鶴子にも感謝したい。

二〇〇二年九月

酒井　昭

虫たちの越冬戦略—昆虫はどうやって寒さに耐えるか	朝比奈英三著	四六・一九八頁	定価一八〇〇円
エゾシロチョウ	朝比奈英三著	A5・四八頁	定価一四〇〇円
雪の結晶—冬のエフェメラル	小林禎作著	B5・四〇頁	定価一五〇〇円
適応のしくみ—寒さの生理学	伊藤真次著	四六・二六四頁	定価一四〇〇円
氷の科学	前野紀一著	四六・二三八頁	定価一五〇〇円
フィーニー先生南極へ行く	R・フィーニー著 片桐千仭・洋子訳	四六・二三〇頁	定価一五〇〇円
極地の科学—地球環境センサーからの警告	福田・香内・高橋編	四六・二〇〇頁	定価一八〇〇円

〈定価は消費税含まず〉

北海道大学図書刊行会刊

酒 井　昭（さかい あきら）

1920年　愛知県清洲町に生まれる
1944年　北海道大学理学部動物学科卒業
1966年　北海道大学低温科学研究所教授
1970年　ミネソタ大学客員教授（1年間）
1983年　北海道大学定年退職
1984年　オレゴン州立大学客員教授，兼務：植物遺伝資源センター（1年間）
1987年　ウエストワシントン大学客員教授（1年間）
現 在　北海道大学名誉教授
著 書　植物の耐凍性と寒冷適応（学会出版センター，1982）
凍結保存—動物・植物・微生物（朝倉書店，1987）
Frost survival of plants 〈W. L. Larcherと共著〉（Springer-Verlag, 1987）
植物の分布と環境適応（朝倉書店，1995）

植物の耐寒戦略—寒極の森林から熱帯雨林まで

2003年3月25日　第1刷発行

著 者　酒 井　昭

発行者　佐 伯　浩

発行所　北海道大学図書刊行会

札幌市北区北9条西8丁目 北海道大学構内（〒060-0809）
tel.011(747)2308・fax.011(736)8605・http://www.hup.gr.jp

アイワード
©2003　酒井　昭

ISBN 4-8329-7351-7

索　引

タ　行

ナ　行

ハ　行

マ　行

ヤ　行

ラ　行

文　献

＊本文中の傍注数字は以下の文献番号を示す

1. 天野洋一，1987．秋まきコムギの耐冬性の育種学的研究．北海道農業試験場報告，64：21-30．
2. 青木廉，1955．生物の凍結過程の分析 XII，クワの凍結曲線．低温科学，生物編，13：1-12．
3. 青木廉，1957．生物の凍結過程の分析 XIII，木の枝の凍結曲線状に現れる棘状突起．低温科学，生物編，15：1-15．
4. 荒井綜一，1990．細菌の氷核活性とその食品工業への応用．化学と生物，29：176-182．
5. Asahina, E. (1978): Freezing processes and injury in plant cells. pp. 17-36. In: *Plant Cold Hardiness and Freezing Stress* (P. H. Li and A. Sakai, eds.). Academic Press, N.Y.
6. Axelrod, D. I. (1966): Origin of deciduous and evergreen habits in temperate forests. *Evolution*, 20:1-15.
7. Azuma, T. (2000): Phylogenetic relationships of *Salix* (Salicaceae) based on rbcL sequence data. *Ame. J. Bot.*, 87(1): 67-75.
8. Basinger, J. F. (1991): The fossil forests of the Buchanan Lake Formation (Early Tertiary) Axel Heiberg Islands, Canadian Arctic Archipelago, Preliminary Floristics and Paleoclimate. pp. 39-66. In: Tertiary Fossil Forests of the Geodetic Hills Axel Heiberg Islands, Arctic Archipelago (R. L. Christie and N. J. McMillan, eds.). *Geolog. Survey of Canada Ball.*, 403.
9. Beck, E., R. Scheibe and J. Hansen (1987): Mechanism of freezing avoidance and freezing tolerance in tropical alpine plants. pp. 155-168. In: *Plant Cold Hardiness* (P. H. Li, ed.). Alan, R. Liss, Inc., N.Y.
10. Bondarev, A. (1997): Age distribution patterns in open boreal Dahurican larch forests of Central Siberia. *Forest Ecology and Management*. 93:205-214.
11. Bruni, F. and A. C. Leopold (1991): Glass transitions in soybean seed. *Plant Physiol.*, 96:660-663.
12. Chabot, B. F. and D. J. Hicks (1982): The ecology of leaf life spans. *Annu. Rev. Ecol. Syst.*, 13:229-259.
13. Chaney, R. W. (1940): Tertiary forests and continental history. *Bull Geol. Soc. Amer.*, 51:469-488.

14. Coe, M. J. (1967): *The Ecology of the Alpine Zone at Mount Kenya.* W. Junk Publishers, Hague.
15. Densmore, R. and J. Zasada (1983): Seed disposal and dormancy patterns in northern willows, ecological and evolutionary significance. *Can. J. Bot.*, 61:3207-3216.
16. 栄花茂，1984. 北海道におけるトドマツの耐凍性に関する生態遺伝学的研究. 林木育種研究，2：61-107.
17. Eiga, S. and A. Sakai (1984): Altitudinal variation in cold hardiness of Sagalien fir (*Abies sachalinensis*). *Can. J. Bot.*, 62:156-160.
18. Erwin, T. L. (1982): Tropical foresrs: their richness in coleoptera and other arthropod species. *Colleopterists Bulletin*, 36:74-75.
19. Feng Kuo-mei, 1981. 雲南のシャクナゲ. 日本放送協会・中国雲南人民公社.
20. Florin, R. (1963): The distribution of conifer and taxed genera in time and space. *Acta Hortic*. BERGIAN, 20:121-312.
21. Francis, J. E. (1991): The dynamic fossil forests: Tertiary fossil forests of Axel Heiberg, Canadian Archipelago. pp. 29-38. In: Tertiary Fossil Forests of the Geodetic Hills Axel Heiberg Islands, Arctic Archipelago (R. L. Christie and N. J. McMillan, eds.). *Geolog. Survey of Canada Ball.*, 403.
22. Franks, F.(村瀬則郎・片桐千仞訳)，1985. 低温の生物物理と生化学. 北海道大学図書刊行会.
23. Friedmann, E. I. (1982): Endolithic microorganisms in the Antarctic cold desert. *Science*, 215:1045-1053.
24. 藤川清三，1992. 生体膜超微細構造と低温. 植物細胞工学，4：319-328. 秀潤社.
25. Fujikawa, S. (1994): Seasonal ultrastructural alterations in the plasma membrane produced by slow freezing in cortical tissues of mulberry (*Morus bombycis* Koiz. cv. Goroji). *Tree*, 8:288-296.
26. 福田正己，1993. 永久凍土中の謎の地下氷. 科学朝日，7：32-38.
27. George, M. F., J. M. Burke and C. J. Weiser (1974): Supercooling in overwintering azalea flower buds. *Plant Physiol.*, 54:29-35.
28. 畠山末吉，1981. トドマツの産地間変異の地域性に関する遺伝育種学研究. 北海道林試報，19：1-91.
29. Hedberg, J. and O. Hedberg (1979): Tropical alpine life of vascular plants. *Oikos*, 33:297-307.
30. Hirsh, A. C., R. J. Williams and H. Meryman (1985): A novel method of natural cryoprotection. *Plant Physiol.*, 79:41-56.
31. 堀田満，1974. 植物の分布と分化. 三省堂.

32. Hu, H. H. and W. Chang (1948): On the new family Metasequoiaceae and on *Metasequoia glyptostroboides*, a living species of the genus *Metasequoia* found in Szechuan and Hupeh. *Bull. Fan Mem. Inst. Biol*., 19:153-161.
33. 五十嵐八枝子，1993．花粉分析から見た北海道の環境変遷史．pp. 1-21．生態学から見た北海道．東正剛・阿部永・辻井達一編，北海道大学図書刊行会．
34. 井上民二・松井孝文・横山俊夫，1997．世紀の花鳥風月．文藝春秋 7 月号，242-263．
35. 井上靖，1963．おろしや国酔夢譚．文藝春秋．
36. 石田茂雄，1963．トドマツ樹幹の凍裂と発生機構―とくにその発生機構との関係について．北大演習林研究報告，22：273-373．
37. 石川政幸・小野茂夫・川口誠次，1974．山形県の豪雪地帯における積雪沈降圧の測定．第 85 回林学会講演集，289-290．
38. Ishikawa, M. and A. Sakai (1981): Freezing avoidance mechanisms by supercooling in some *Rhododendron* flower buds with reference to water relations. *Plant & Cell Physiol*., 22:953-967.
39. Ishikawa, M. and A. Sakai (1985): Extraorgan freezing in wintering flower buds of *Cornus officinalis* Sieb. et. Zucc. *Plant Cell Env*., 8:333-338.
40. Ishikawa, M., H. Ide, W. S. Price, Y. Arata and T. Kitashima (2000): Freezing behaviours in plant tissues as visualized by NMR microscopy and their regulatory mechanisms. pp.22-35. In: *Cryopreservation of Tropical Plant Germplasm* (F. Engelmann and H. Takagi eds.). Tsukuba, JIRCAS, Japan.
41. Junttila, O. (1976): Seed germination and viability in five *Salix* species. *Astarte*. 9:19-24.
42. 梶幹男，1982．亜高山性針葉樹の生態地理学的研究―オオシラビソの分布パタンと温暖気候．東大演習林報告，72：31-120．
43. Kappen, L. (1995): Lichen-habitats as micro-oases in the Antarctic—The role of temperature. *Polarforschung*, 55:49-54.
44. 菊沢喜八郎，1987．北の国の雑木林―ツリーウォッチング入門．蒼樹書房．
45. 菊沢喜八郎，1978．北海道の広葉樹．北海道造林振興会．
46. Kikuzawa, K. (1991): A cost-benefit analysis of leaf habit and leaf longevity of trees and geographical pattern. *Ame. Naturalists*, 138: 1250-1263.
47. 木村有香，1936．アメリカにも原始的なヤナギがある．植物及び動物，4：144-146．

48. 吉良竜夫，1948．温量指数による垂直的気候帯の分かちかたについて．寒地農業，2：143-173．
49. 吉良竜夫・藤田和夫，1975．オーコリドリの自然誌． pp. 396-403．大興安嶺探検．今西錦司編，講談社．
50. Kitayama, K. (1996): Climate of the summit of Mount Kinabalu (Borneo) in 1992, An el nino year. *Mountain Res. Dev.*, 16:65-75.
51. 木崎甲子郎，1973．南極大陸の歴史を探る．岩波新書．
52. 木崎甲子郎，1994．ヒマラヤはどこから来たか．中公新書．
53. 小松輝行，1988．アルファルファの冬枯れ問題と対策．北海道草地研究会誌，22：21-28．
54. 小山浩正，2000．シラカンバの発芽戦略(V)―ところ変われば種変わる．北方林業，52：7-10．
55. 甲山隆司， 1992．スマトラ２．動いているスマトラの森．pp. 38-52．スマトラの人々と自然．堀田満・井上民二・小山直樹編，八坂書房．
56. 甲山隆司，1993．熱帯雨林では何故多くの樹種が共存できるのか．科学，63：768-776．
57. Krog, J. O., K. E. Zachariassen, B. Larsen and O. Smidstot (1979): Thermal buffering in afro-alpine plants due to nucleating agent-induced freezing. *Nature*, 283:300-301.
58. Kudo, G. (1991): Effects of snow-free period on the phenology of alpine plants in habiting snow patches. *Arct. Alp. Res.*, 23:436-443.
59. 工藤岳，2000．高山植物の生活史特性．pp. 117-130．高山植物の自然史．工藤岳編著．北海道大学図書刊行会．
60. 工藤岳，2000．大雪山のお花畑で語ること―高山植物と雪渓の生態学．京都大学学術出版会．
61. 倉橋昭夫・濱谷稔夫，1981．トドマツの垂直分布に伴う変異．東京大学演習林報告，1：101-151．
62. 黒田治之・匂坂勝之助・千葉和彦，1991．厳寒期におけるリンゴ属植物の耐凍性と過酸化物代謝．園芸学会誌，60：719-728．
63. Luyet, B. (1937): The vitrification of organic colloids and of protoplasm. *Biodynamica*, 29:1-15.
64. Luyet, B. (1967): On the possible biological significance of some physical changes encountered in the cooling and rewarming of aqueous solutions. pp. 1-20. In: *Cellular Injury and Resistance of Freezing Organismus* (E. Asahina, ed.). Inst. Low Temp. Sci.
65. Matsuda, T. (1964): Microclimate in the community of mosses near Showa Base at East Ongle Island, Antarctica. *Nankyoku Shiryo* (*Antarc. Res.*), 21:12-24.
66. 松浦陽次郎，1993．ヤクツク永久凍土調査紀行．北方林業，46：

230-232.
67. McMillan, J. A. and S. C. Loss (1965): Vitreous ice: Irreversible transformation during warm-up. *Nature*, 206:806-807.
68. Miki, S. (1941): On the change of flora in eastern Asia, since Tertiary Period (1). The clay on lignite beds flora in Japan with special reference to the *Pinus trifoliata* beds in central Hondo. *Jap. J. Bot*., 11:237-303.
69. 百原新，1994. メタセコイアの繁栄と衰退. 日経サイエンス 8 月号，32-38.
70. 本川達雄，1996. 時間. NHK 出版.
71. 森茂太，1999. 森林生態系に於ける外生菌根菌と樹木生理. 特集：生態系に於ける菌根共生. 日生態誌，49：125-131.
72. Mirov, N. T. (1967): *The Genus Pinus*. Ronald Press, N.Y.
73. 永田洋・万木豊，1990. 樹木の休眠に関する研究. (IV)タブノキの生活型と休眠の相互関係. 三重大学資源学部紀要，4：147-156.
74. 能代昌男・酒井昭，1974. 野草の耐凍性. 日生態誌，24：175-179.
75. Oga, I. (1927): On the age of the Indian lotus which is kept in the peat bed in Southern Manchuria. *Bot. Mag*., 41:1-6.
76. Oohata, S. and A. Sakai (1982): Freezing resistance and their thermal indices with reference to distribution of the genus *Pinus*. pp. 437-446. In: *Plant Cold Hardiness and Freezing Stress. Vol. 2* (P. H. Li and A. Sakai, eds.). Academic Press, N.Y.
77. Pauley, S. and T. O. Perry (1954): Ecotipic variation of the photoperiodic responses in populars. *J. Arnold Arbor*., 35:167-188.
78. Quamme, H., C. J. Weiser and C. T. Stushnoff (1972): The mechanism of freezing injury in xylem of winter apple twigs. *Plant Physiol*., 51:273-277.
79. Rada, F., G. Goldsteine, A. Azocan and F. Meinzer (1985): Freezing avoidance in Andean giant rosette plants. *Plant Cell and Environ*., 8:501-507.
80. Richards, P. W. (1976): *The tropical rain forest*. Cambridge Univ. Press, London
81. Roos, E. E. and D. A. Davidson (1992): Record longevities of vegetative seeds in storage. *Hort. Science*, 27:393-396.
82. Sagisaka, S. (1972): Decrease of glucose 6-phosphate and 6-phospho-gluconate dehydrogenase activities in the xylem of *Populus gelrica* on budding. *Plant Physiol*., 54:544-549.
83. Sagisaka, S. (1974): Transition of metabolisms in living poplar bark from growing to wintering stage and vice versa. *Plant*

Physiol., 54:544-549.
84. 酒井昭，1956．超低温における植物組織の生存．低温科学，生物編，14：17-23．
85. 酒井昭，1958．超低温における植物組織の生存II．低温科学，生物編，16：41-53．
86. Sakai, A. (1960): Survival of the twig of woody plants at −196°C. *Nature*, 185:393-394.
87. 酒井昭，1962．液体ヘリュウム中での木の生存．低温科学，生物編，20：121-122．
88. Sakai, A. (1962): Studies on the frost-hardiness of woody plants 1. Causual relation between sugar content and frost-hardiness. *Low Temp. Sci., Ser. B*., 11:1-40.
89. Sakai, A. (1965): Determining the degree of frost-hardiness in highly hardy plants. *Nature,* 206:1064-1065.
90. Sakai, A. (1966): Temperature fluctuation in wintering trees. *Physiol. Plant*, 19:105-114.
91. Sakai, A. (1971): Freezing resistance of relics from the Arcto-tertiary flora. *New Phytol*., 70:1191-1205.
92. 酒井昭，1973．ヤクツク地方の森林の生態的特性．低温科学，生物編，31：49-66．
93. 酒井昭・木下誠一，1974．永久凍土地帯の生態的特性．日生態誌，24：116-112．
94. 酒井昭・吉田静夫・斉藤満，1974．北アメリカの永久凍土地帯における森林植生の生態学的特徴．pp. 95-126．アラスカ・カナダ北部の永久凍土地帯における寒冷地形及び生物環境の総合調査．低温科学研究所報告．
95. 酒井昭，1975．日本の常緑及び落葉広葉樹の耐凍度とそれらの分布との関係．日生態誌，25：101-111．
96. 酒井昭，1976．植物の積雪に対する適応．低温科学，生物編34：47-76．
97. Sakai, A. (1978): Freezing tolerance of evergreen and deciduous broadleaved trees in Japan with reference to tree regions. *Low Temp. Sci., Ser. B*., 31:41-47.
98. Sakai, A. and P. Wardle (1978): Freezing resistance of New Zealand trees and schrubs. *N. Z. Ecology*, 1:51-61.
99. Sakai, A. and Y. Nishiyama (1978): Cryopreservation of winter vegetative buds of hardy fruit trees in liquid nitrogen. *Hort Science*, 13:225-227.
100. Sakai, A. (1978): Freezing tolerance of primitive willows ranging to subtropics and tropics. *Low Tem. Sci., Ser. B*., 36:21-29.

101. Sakai, A. (1979): Freezing avoidance mechanism of primordial shoots of conifer buds. *Plant & Cell Physiol.*, 20:1381-1390.
102. Sakai, A. (1980): Freezing resistance of broadleaved evergreen trees in warm-temperate zone. *Low Temp. Scie, Ser. B.*, 38:1-14.
103. Sakai, A., M. Paton and P. Wardle (1981): Freezing resistance of trees of the south temperate zone, especially subalpine species of Australia. *Ecology*, 62:663-670.
104. Sakai, A. and B. Malla (1981): Winter hardiness of tree species at high altitudes in the East Himalaya, Nepal. *Ecology*, 62:1288-1298.
105. Sakai, A. (1982): Freezing tolerance of shoot and flower primordia of coniferous buds by extraorgan freezing. *Plant & Cell Physiol.*, 23:1219-1227.
106. Sakai, A. (1983): Comparative study on freezing resistance of conifers with special reference to cold adaptation and its evolutive aspects. *Can. J. Bot.*, 63:156-160.
107. 酒井昭，1984．ヤナギ属の分布と特性―ヤナギとの 30 年間のつきあい．植物と自然，18(1)：6-10．
108. 酒井昭(編)，1987．凍結保存―動物・植物・微生物．朝倉書店．
109. Sakai, A. and W. Larcher (1987): *Frost Survival of Plants*. Ecological Studies 62. Springer Verlag, Heidelberg.
110. Sakai, A., S. Kobayashi and I. Oiyama (1990): Cryopreservation of nucellar cells of navel orange (*Citrus sinensis Osb. brasillensis* Tanaka) by vitrification. *Plant Cell Rep.*, 9:30-33.
111. 酒井昭(編)，1996．植物培養：細胞・組織超低温保存の展開(特集)．組織培養，22(8)：343-380．
112. Sakai, A. (1997): Potentially valuable cryogenic procedure for cryopreservation of cultured plant meristems. pp. 53-66. In: *Conservation of Plant Genetic Resources In Vitro*. (M. K. Razdan and E. C. Cocking, eds.). Science Publishers, U.S.A.
113. Sakai, A. (2000): Development of cryopreservation techniques. pp. 1-7. In: *Cryopreservation of Tropical Plant Germplasm* (F. Engelmann and H. Takagi, eds.). JIRCAS, Tsukuba, Japan.
114. Sakai, A., T. Matsumoto, D. Hirai and R. Charoensub (2002): Survival of tropical apices cooled to −196°C by vitrification. pp. 109-119. In: *Plant Cold Hardiness Gene Regulation and Genetic Engineering* (P. H. Li and E. Tapio Palva, eds.). Kluwer Academic/Plenum Publishers, N.Y.
115. 酒井昭，2002．植物遺伝資源保存の重要性と最近の液体窒素利用(−150°C)保存法の進歩と問題点．農業および園芸，77(8)：860-870．

116. 佐藤卓，1991．キナバル山の植物．Natural History Publications, Borneo, Kota Kinabalu.
117. 佐藤利幸・酒井昭，1981．生育場所に着目した北海道シダ植物の胞子体の耐凍性．日生態誌，31：191-199．
118. Schnell, R. C. and G. Valli (1972): Atmospheric ice nucleation decomposing vegetation. *Nature*, 236:163-165.
119. Scholander, P. F., W. Flagg,, R. J. Hock and L. Irving (1953): Studies of the physiology of frozen plants and animals in the Arctic. *J. Cell. Comp. Physiol*., 42, Suppl., 1-56.
120. 新里孝和，1984．マツ属の生長に及ぼす日長と気温の影響．琉球大学農学術報，31：233-278．
121. Smith, R. D. and S. H. Linington (1987): The Millennium seed bank project. pp. 199-206. In: *Ultra-Long-Term Cryogenic Preservation Network of Biological and Environmental Specimens* (T. Shibata and T. Eto, eds.). Osaka, Japan.
122. Stanwood, P. C. and L. N. Bass (1981): Seed germplasm preservation using liquid nitrogen. *Seed Sci. Technol*., 9:423-437.
123. 鈴木三男，2000．植物分布の変遷と多様化―第三紀〜第四紀の大絶滅と現在的植物相の成立．pp. 173-210．多様性の植物学 1 ―植物の世界．岩槻邦男・加藤雅啓編．東京大学出版会．
124. 高橋郁雄，1991．エゾマツの生育過程と菌類相の遷移―特に天然更新に対する菌類の役割．東大演習林報告，86：201-273．
125. 高橋喜平，1970．雪害から樹木を守る．pp. 160-220．気象害から樹木を守る．全国林業普及協会．
126. 武田博清，1997．生態系に於ける物質循環のしくみ．化学と生物，35 (1)：27-31．
127. Tanai, T. (1972): Tertiary history of vegetation in Japan. pp. 235-255. In: *Floristic and Paleofloristics of Asia and Eastern North America* (A. Graham, ed.). Elsevier Pub. Co., Amsterdam.
128. 塚田松雄，1974．日本に於ける最終氷期以降の植生．pp. 199-227．古生態学 2，生態学講座 27-b．共立出版．
129. Vireck, L. A. (1970): Forest succession and soil development to the Chena River in Interior Alaska. *Arct. Alp. Res*., 21:1-26.
130. Vertucci, C. W. (1990): Calorimetric studies of the state of water in seed tissue. *Biophy. J*., 58:1463-1471.
131. Wang, C. W. (1961): *The Forests of China with a Survey of Grassland and Desert Vegetation*. Harvard Univ., Cambridge, Mass.
132. Williams, D. F. (1985): Isotope chronostratigraphy: oxygen and carbon isotope records of tertiary marina carbonate and their appli-

cation in petroleum exploration. Short cource notes. Univ. of South Carolina.

133. 安成哲三，1980．ヒマラヤの上昇とモンスーン気候の成立．生物科学，32：36-44．

134. 吉田静夫・酒井昭，1967．木本類の耐凍性増大過程 XII—ニセアカシアの幹の耐凍性と物質変動の関係．低温科学，生物編，25：29-44．

135. Yoshida, S. (1974): Studies on lipid changes associated with frost hardiness in cortex in woody plants. *Low Temp. Sci., Ser. B.*, 18:1-43.

136. Yoshida, S. (1984): Chemical and biophysical changes in the plasma membrane during cold acclimation on mulberry bark cells (*Morus bombycis* Koiz. cv. Goroji). *Plant Physiol.*, 76:257-265.

137. 吉田静夫，1992．植物の低温耐性．植物細胞工学，4：299-301．秀潤社．

138. 吉江文男・酒井昭，1981．生活型及びハビタートの関連から見た植物の耐凍性．日生態誌，31：395-404．

139. Yoshie, F. and A. Sakai (1985): Type of florin rings and distributional patterns of epicuticular and their relation-ship in the genus *Pinus*. *Can. J. Bot.*, 63:2150-2158.

140. 万木豊・永田洋，1981．樹木の休眠に関する研究（II）—常緑広葉樹の成長パターンと天然分布．三重大学農学術報，83：199-203．

141. 湯本貴和，1999．熱帯雨林．岩波新書．